智能制造专业群"十三五"规划教材

工业机器人
仿真与离线编程

主　编　陈永平　何燕妮　余思涵
副主编　王晓栋　高苏启　郝　淼　李　莉

上海交通大学出版社
SHANGHAI JIAO TONG UNIVERSITY PRESS

内容简介

    本书以 ABB 机器人为对象,使用 ABB 机器人仿真软件 RobotStudio 进行工业机器人的仿真与离线编程。首先介绍了工业机器人离线编程的概况、工业机器人仿真工作站创建、工业机器人工作站模型(工具、机械装置等)创建,并在此基础上以工业机器人应用案例介绍了轨迹离线编程方法和搬运工作站的仿真方法。全书共有 8 个项目,每一个项目下分成 2~4 个工作任务,以任务为引导,图文并茂地详细讲解了工业机器人离线编程和仿真的方法。

    本书适合作为高等职业院校制造大类和电子信息大类相关专业教材,也可作为工程技术人员的参考资料和培训用书。

图书在版编目(CIP)数据

工业机器人仿真与离线编程/ 陈永平,何燕妮,余
思涵主编. —上海:上海交通大学出版社,2018
ISBN 978-7-313-20253-6

Ⅰ.①工… Ⅱ.①陈… ②何… ③余… Ⅲ.①工业机
器人—仿真设计 ②工业机器人—程序设计 Ⅳ.
①TP242.2

中国版本图书馆 CIP 数据核字(2018)第 226456 号

工业机器人仿真与离线编程

主　　编	陈永平　何燕妮　余思涵			
出版发行	上海交通大学出版社	地　　址	上海市番禺路 951 号	
邮政编码	200030	电　　话	021 - 64071208	
出 版 人	谈　毅			
印　　制	上海景条印刷有限公司	经　　销	全国新华书店	
开　　本	787 mm×1092 mm　1/16	印　　张	12.75	
字　　数	290 千字			
版　　次	2018 年 10 月第 1 版	印　　次	2018 年 10 月第 1 次印刷	
书　　号	ISBN 978 - 7 - 313 - 20253 - 6/ TP			
定　　价	42.00 元			

智能制造专业群"十三五"规划教材
编委会名单

委　员（按姓氏首写字母排序）

蔡金堂　上海新南洋教育科技有限公司

常韶伟　上海新南洋股份有限公司

陈永平　上海电子信息职业技术学院

成建生　淮安信息职业技术学院

崔建国　上海智能制造功能平台

高功臣　河南工业职业技术学院

郭　琼　无锡职业技术学院

黄　麟　无锡职业技术学院

江可万　上海东海职业技术学院

蒋庆斌　常州机电职业技术学院

孟庆战　上海新南洋合鸣教育科技有限公司

那　莉　上海交大教育集团

秦　威　上海交通大学机械与动力工程学院

邵　瑛　上海电子信息职业技术学院

王维理　上海交大教育集团

徐智江　上海豪洋智能科技有限公司

薛苏云　常州信息职业技术学院

杨　萍　上海东海职业技术学院

杨　帅　淮安信息职业技术学院

杨晓光　上海新南洋合鸣教育科技有限公司

张季萌　河南工业职业技术学院

赵海峰　南京信息职业技术学院

前言 preface

制造业是兴国之器、强国之基,人才是立国之本,实现中国制造由大变强战略任务的关键在于人才。21 世纪以来,制造业面临全球产业结构调整带来的机遇和挑战。面对全球产业竞争格局的重大调整,国务院制定了《中国制造 2025》规划,提出全面推进制造强国的战略,即到 2025 年使我国迈入制造强国行列。制造强国战略的实施对人才队伍建设和发展提出了更高、更迫切的要求。

2014 年 6 月,习近平总书记在两院院士大会上强调:"机器人革命"有望成为新一轮工业革命的切入点和增长点,机器人是"制造业皇冠顶端的明珠",其研发、制造、应用是衡量一个国家科技创新和高端制造业水平的重要标志。

工业机器人作为自动化技术的集大成者,是智能化制造的核心基础设施。在《中国制造 2025》规划的十大重点发展方向中,机器人是其中重要的发展方向。

ABB 作为工业机器人"四大家族"的成员,其 IRB 系列工业机器人功能强大,应用范围广泛,拥有非常高的市场占有率;此外 ABB 配套的离线编程软件 RobotStudio 是机器人本体商中软件做得最好的一款,具有易于操作、上手快的特点,能够轻松实现工业机器人虚拟仿真和离线编程。因此,本书以 ABB RobotStudio 6.06 为例介绍机器人离线编程的基本方法。

本书首先介绍了工业机器人离线编程的概况及常用的离线编程软件,然后以 RobotStudio 软件为例介绍了工业机器人仿真工作站创建、工业机器人工作站模型(工具、机械装置等)创建的方法,并在此基础上以工业机器人应用案例介绍了路径轨迹离线编程方法、使用事件管理器和 Smart 组件进行工作站的动画仿真方法。全书共有 8 个项目,每一个项目下分成 2～4 个工作任务,以任务为引导,图文并茂地详细讲解了工业机器人离线编程和仿真的方法、手段。

本书由上海电子信息职业技术学院陈永平、何燕妮、余思涵担任主编。项目一、七、八由陈永平编写,项目二由李莉编写,项目三由高苏启编写,项目四由余思涵编写,项目五由郝森编写,项目六由何燕妮编写。在本书编写过程中得到了 ABB(中国)有限公司、上海福赛特机器人有限公司等单位有关领导、工程技术人员和教师的支持与帮助,在此一并表示衷心的感谢!

由于编者水平有限,书中存在的不足和缺漏,敬请专家、广大读者批评指正。

目录 contents

初识工业机器人离线编程

 **项目概述**

　　随着智能制造的政策推动,人口红利的逐步减弱,人工成本的不断上涨,采用机器人替代人工已经成为制造企业的可行选择。目前,机器人广泛应用于焊接、装配、搬运、喷漆、打磨等领域。随着任务的复杂程度在不断增加,对机器人的编程提出了更高的要求。机器人的编程方式、编程效率和质量显得越来越重要,传统的示教编程手段有些场合变得效率非常低下,于是离线编程应运而生,并且应用越来越普及。

　　本项目从工业机器人编程方法、工业机器人离线编程流程、离线编程的主流软件以及典型的离线编程软件 ABB RobotStudio 的应用这几方面介绍了离线编程的基本知识和技能。

　　通过本项目的学习,掌握以下基本知识:

　　(1) 工业机器人常用的编程方法。

　　(2) 示教编程和离线编程的特点。

　　(3) 离线编程的主要流程。

　　(4) 离线编程的系统构成。

　　(5) 常用的离线编程软件。

　　(6) 下载安装 ABB RobotStudio 离线编程软件。

　　(7) 了解 ABB RobotStudio 软件的主要离线仿真功能。

任务一　认识工业机器人编程方法

　　目前,企业主要采用的机器人编程方式有两种:示教编程与离线编程。

1. 示教编程

　　示教编程,即操作人员通过示教器或者手动控制机器人的关节运动,让机器人按照一定的轨迹运动,机器人控制器记录动作,并可根据指令自动重复该动作(见图 1-1)。

　　目前,机器人示教编程主要应用于对精度要求不高的任务,如搬运、码垛、喷涂等领域,

图1-1 使用示教器示教编程

特点是轨迹简单,操作方便。例如有些场景甚至不需要使用示教器,而是直接由人手执固定在机器人末端的工具进行示教。但是当任务对精度要求较高时,示教编程则无法满足。

2. 离线编程

离线编程,是通过软件在电脑里重建整个工作场景的三维虚拟环境,借助软件沿直线、圆、曲线等的动作指令控制机器人在虚拟环境里的运动,生成运动控制指令,再经过软件仿真与调整轨迹生成机器人程序,输入到机器人控制器中(见图1-2)。

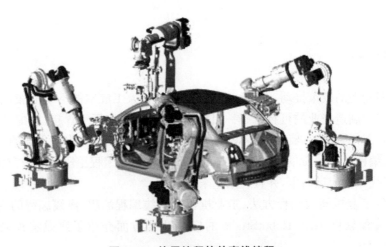

图1-2 使用编程软件离线编程

目前离线编程广泛应用于打磨、去毛刺、焊接、激光切割、数控加工等新兴机器人应用领域。离线编程克服了在线示教编程的很多缺点,与示教编程相比,离线编程系统具有如下优点:

(1)减少机器人停机的时间,当对下一个任务进行编程时,机器人仍可在生产线上工作。

(2)使编程者远离危险的工作环境,改善了编程环境。

(3)离线编程系统使用范围广,可以对各种机器人进行编程,并能方便地实现优化编程。

(4)便于和CAD/CAM系统结合,做到CAD/CAM/ROBOTICS一体化。

(5)可使用高级计算机编程语言对复杂任务进行编程。

(6)便于修改机器人程序。

工业机器人离线编程与在线示教编程各具特点,如表1-1所示。

随着智能制造的推进,企业通过建立工厂的虚拟数字模型来进行生产线规划、生产过程可视化管理,这些方式促进了机器人离线编程,因为机器人离线编程的第一步便是建立机器人系统的三维虚拟环境。借助智能制造的东风,机器人离线编程也将取得进一步的进展。

表 1-1　工业机器人离线编程与在线示教编程特点

示 教 编 程	离 线 编 程
● 需要实际机器人系统和工作环境 ● 编程时机器人停止工作 ● 在实际系统上试验程序 ● 编程的质量取决于编程者的经验 ● 难以实现复杂的机器人运行轨迹	● 需要机器人系统和工作环境的图形模型 ● 编程时不影响机器人工作 ● 通过仿真试验程序 ● 可用 CAD 方法进行最佳轨迹规划 ● 可实现复杂运行轨迹的编程

任务二　了解机器人离线编程流程

1. 离线编程主要流程

机器人离线编程系统不仅要在计算机上建立起机器人系统的物理模型,而且要对其进行编程和动画仿真以及对编程结果后置处理。离线编程主要流程如图 1-3 所示,首先建立待加工产品的 CAD 模型,以及机器人和产品之间的几何位置关系,然后根据特定的工艺进行轨迹规划和离线编程仿真,确认无误后下载到机器人控制器中执行。目前,有些机器人厂商提供机器人的三维模型数据库,用户可以根据需要下载,如 DELMIA 就拥有 400 种以上的机器人资源。

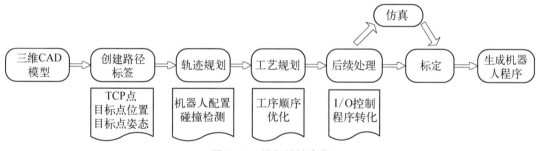

图 1-3　编程关键步骤

2. 离线编程系统构成

一般说来,机器人离线编程系统包括以下一些主要模块: 传感器、机器人系统 CAD 建模、离线编程、图形仿真、人机界面以及后置处理等,如图 1-4 所示。

1) CAD 建模

CAD 建模需要完成以下任务: ① 零件建模;② 设备建模;③ 系统设计和布置;④ 几何模型图形处理。图 1-5 是机床上下料的 CAD 模型。

利用现有的 CAD 数据及机器人理论结构参数所构建的机器人模型与实际模型之间存在着误差,所以必须对机器人进行标定,对其误差进行测量、分析及不断校正所建模型。随着机器人应用领域的不断扩大,机器人作业环境的不确定性对机器人作业任务有着十分重要的影响,固定不变的环境模型是不够的,极可能导致机器人作业的失败。因此,如何对环境的不确定性进行抽取,并以此动态修改环境模型,是机器人离线编程系统实用化的一个重要问题。

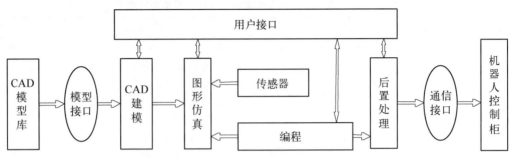

图 1-4　机器人离线编程的组成

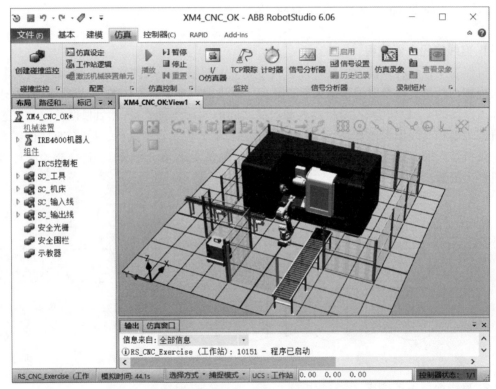

图 1-5　在软件里重建整个工作场景的三维虚拟环境

2) 图形仿真

　　离线编程系统的一个重要作用是离线调试程序,而离线调试最直观有效的方法是在不接触实际机器人及其工作环境的情况下,利用图形仿真技术模拟机器人的作业过程,提供一个与机器人进行交互作用的虚拟环境。计算机图形仿真是机器人离线编程系统的重要组成部分,它将机器人仿真的结果以图形的形式显示出来,直观地显示出机器人的运动状况,从而可以得到从数据曲线或数据本身难以分析出来的许多重要信息,离线编程的效果正是通过这个模块来验证的。

　　随着计算机技术的发展,在 PC 的 Windows 平台上可以方便地进行三维图形处理,并以此为基础完成 CAD、机器人任务规划和动态模拟图形仿真。一般情况下,用户在离线编程模块中为作业单元编制任务程序,经编译连接后生成仿真文件。在仿真模块中,系统解释控制执行仿真文件的代码,对任务规划和路径规划的结果进行三维图形动画仿真,模拟整个作业的完成情况,检查发生碰撞的可能性及机器人的运动轨迹是否合理,并计算机器人的每个工步的操作时间和整个工作过程的循环时间,为离线编程结果的可行性提供参考。

3)编程

编程模块一般包括机器人及设备的作业任务描述(包括路径点的设定)、建立变换方程、求解未知矩阵及编制任务程序等。在进行图形仿真以后,根据动态仿真的结果,对程序做适当的修正,以达到满意效果,最后在线控制机器人运动以完成作业。

面向任务的机器人编程是高度智能化的机器人编程技术的理想目标——使用最适合于用户的类自然语言形式描述机器人作业,通过机器人装备的智能设施实时获取环境的信息,并进行任务规划和运动规划,最后实现机器人作业的自动控制。面向对象机器人离线编程系统所定义的机器人编程语言把机器人几何特性和运动特性封装在一块,并为之提供了通用的接口。基于这种接口,可方便地与各种对象,包括传感器对象打交道。由于语言能对几何信息直接进行操作且具有空间推理功能,因此它能方便地实现自动规划和编程。此外,还可以进一步实现对象化任务级编程语言,这是机器人离线编程技术的又一大提高。

4)传感器

近年来,随着机器人技术的发展,传感器在机器人作业中起着越来越重要的作用,对传感器的仿真已成为机器人离线编程系统中必不可少的一部分,并且也是离线编程能够实用化的关键。利用传感器的信息能够减少仿真模型与实际模型之间的误差,增加系统操作和程序的可靠性,提高编程效率。对于有传感器驱动的机器人系统,由于传感器产生的信号会受到多方面因素的干扰(如光线条件、物理反射率、物体几何形状以及运动过程的不平衡性等),使得基于传感器的运动不可预测。传感器技术的应用使机器人系统的智能性大大提高,机器人作业任务已离不开传感器的引导。因此,离线编程系统应能对传感器进行建模,生成传感器的控制策略,对基于传感器的作业任务进行仿真。

5)后置处理

后置处理的主要任务是把离线编程的源程序编译为机器人控制系统能够识别的目标程序,即当作业程序的仿真结果完全达到作业的要求后,将该作业程序转换成目标机器人的控制程序和数据,并通过通信接口输入到目标机器人控制柜,驱动机器人去完成指定的任务。由于机器人控制柜的多样性。要设计通用的通信模块比较困难,因此一般采用后置处理将离线编程的最终结果翻译成目标机器人控制柜可以接受的代码形式,然后实现加工文件的上传及下载。机器人离线编程中,仿真所需数据与机器人控制柜中的数据是有些不同的。所以离线编程系统中生成的数据有两套:一套供仿真用;一套供控制柜使用,这些都是由后置处理进行操作的。

任务三　了解离线编程主流软件

1.离线编程软件分类

常用离线编程软件,可按不同标准分类,例如,可以按国内与国外分类,也可以按通用离线编程软件与厂家专用离线编程软件。

按国内与国外分类,可以分为以下两大阵营:国产软件主要有 RobotArt、Robotdk;国外软件主要有 RobotMaster、RobotWorks、Robomove、RobotCAD、DELMIA、RobotStudio、RoboGuide。

按通用离线编程与厂家专用离线编程,又可以分为以下两大阵营:通用软件包括 RobotArt、RobotMaster、Robomove、RobotCAD、DELMIA 等;厂家专用软件有 ABB 的 RobotStudio、Fanuc 的 RoboGuide、KUKA 的 KUKA Sim、Yaskawa 的 MotoSim 等。

2. 离线编程软件介绍

下面对各厂商离线编程软件做介绍。

1) RobotArt

RobotArt 软件界面如图 1-6 所示,它是由北京华航唯实开发出的一款国产离线编程软件,填补了国产离线编程软件的空白。软件根据虚拟场景中的零件形状,自动生成加工轨迹,并且支持大部分主流机器人,如 ABB、KUKA、Fanuc、Yaskawa、Staubli、KEBA 系列、新时达、广数等。软件根据几何数模的拓扑信息生成机器人运动轨迹,轨迹仿真、路径优化、后置代码,同时集碰撞检测、场景渲染、动画输出于一体,可快速生成效果逼真的模拟动画。强调服务,重视企业定制。资源丰富的在线教育系统,非常适合学校教育和个人学习。

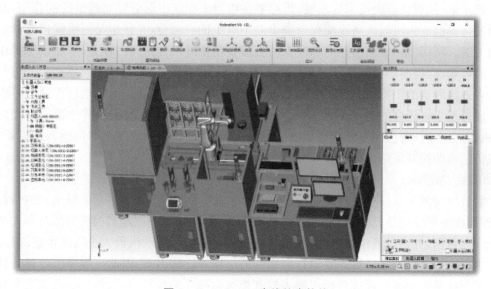

图 1-6　RobotArt 离线仿真软件

优点:

(1) 支持多种格式的三维 CAD 模型,可导入扩展名为 step、igs、stl、x_t、prt、CATPart、sldpart 等格式。

(2) 自动识别与搜索 CAD 模型的点、线、面信息生成轨迹。

(3) 轨迹与 CAD 模型特征关联,模型移动或变形,轨迹自动变化。

(4) 一键优化轨迹与几何级别的碰撞检测。

(5) 支持多种工艺包,如切割、焊接、喷涂、去毛刺、数控加工。

（6）支持将整个工作站仿真动画发布到网页、手机端。

缺点：软件不支持国外小品牌机器人，轨迹编程还需要再强大。

2）RobotMaster

RobotMaster 由加拿大软件公司 Jabez 科技（已被美国海宝收购）开发研制，是目前离线编程软件国外品牌中顶尖的软件（见图 1-7），支持市场上绝大多数机器人品牌（KUKA、ABB、Fanuc、Motoman、Staubli、珂玛、三菱、DENSO、松下 等）。RobotMaster 基于 Mastercam 二次开发，在 Mastercam 中无缝集成了机器人编程、仿真和代码生成功能，提高了机器人编程速度。RobotMaster 为以下所有行业应用提供了理想的离线机器人编程解决方案：修整、3D 加工、去毛刺、抛光、焊接、点胶、研磨等。

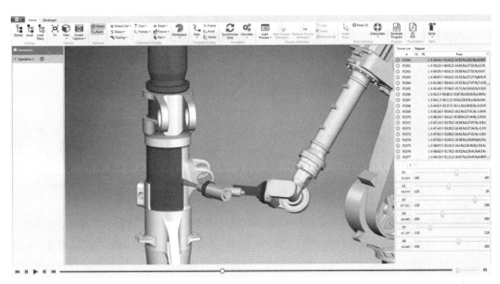

图 1-7　RobotMaster 软件

优点：

（1）CAD/CAM 文件自动生成优化的轨迹。

（2）自动解决奇点、碰撞、连接和范围限制问题。

（3）独特的"单击拖动"仿真环境，微调轨迹和过渡。

（4）优化部件定位、工具倾斜度和有效控制外部轴。

（5）针对可定制特定流程（如焊接、切割等）控制的应用屏幕。

缺点：暂时不支持多台机器人同时模拟仿真。基于 Mastercam 做的二次开发，价格昂贵，企业版在 20W 左右。

3）RobotWorks

RobotWorks 是来自以色列的机器人离线编程仿真软件（见图 1-8），基于 SolidWorks 二次开发，使用时，需要先购买 SolidWorks。由于是二次开发，交互性上，比 RobotArt 难用。主要功能如下：

（1）全面的数据接口：可通过 IGES、DXF、DWG、PrarSolid、Step、VDA、SAT 等标准接口进行数据转换。

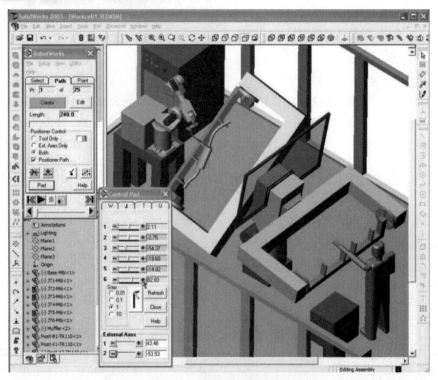

图 1-8   RobotWorks 软件

（2）强大的编程能力：从输入 CAD 数据到输出机器人加工代码只需四步。

第一步：从 SolidWorks 创建或直接导入其他三维 CAD 数据，选取定义好的机器人工具与要加工的工件组合成装配体。所有装配夹具和工具客户均可以用 SolidWorks 自行创建调用。

第二步：RobotWorks 选取工具，然后直接选取曲面的边缘或者样条曲线进行加工产生数据点。

第三步：调用所需的机器人数据库，开始做碰撞检查和仿真，在每个数据点均可以自动修正，包含工具角度控制、引线设置、增加减少加工点、调整切割次序、在每个点增加工艺参数。

第四步：RobotWorks 自动产生各种机器人代码，包含笛卡尔坐标数据、关节坐标数据、工具与坐标系数据、加工工艺等，按照工艺要求保存不同的代码。

（3）强大的工业机器人数据库：系统支持市场上主流的大多数的工业机器人，提供各大工业机器人各个型号的三维数模。

（4）完美的仿真模拟：独特的机器人加工仿真系统可对机器人手臂、工具与工件之间的运动进行自动碰撞检查，轴超限检查，自动删除不合格路径并调整，还可以自动优化路径，减少空跑时间。

（5）开放的工艺库定义：系统提供了完全开放的加工工艺指令文件库，用户可以按照自己的实际需求自行定义添加设置自己独特工艺，添加的任何指令都能输出到机器人加工数据里面。

缺点：RobotWorks 基于 SolidWorks 开发，SolidWorks 本身不带 CAM 功能，编程烦琐，机器人运动学规划策略智能化程度低。

优点：生成轨迹方式多样、支持多种机器人、支持外部轴。

4）RobotCAD

RobotCAD 是西门子旗下的软件，软件相当庞大，重点在生产线仿真。软件支持离线点焊、多台机器人仿真、非机器人运动机构仿真，精确的节拍仿真。RobotCAD 主要应用于产品生命周期中的概念设计和结构设计两个前期阶段。其软件界面如图 1-9 所示。

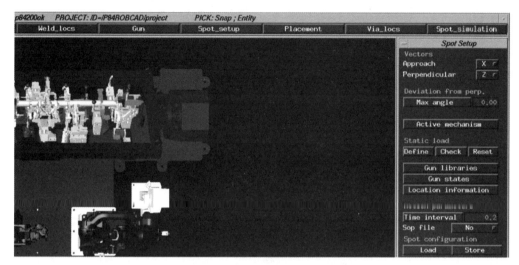

图 1-9 RobotCAD 软件

RobotCAD 的主要功能包括：

（1）WorkcellandModeling：对白车身生产线进行设计、管理和信息控制。

（2）SpotandOLP：完成点焊工艺设计和离线编程。

（3）Human：实现人因工程分析。

（4）Application 中的 Paint、Arc、Laser 等模块：实现生产制造中喷涂、弧焊、激光加工、绲边等工艺的仿真验证及离线程序输出。

（5）RobotCAD 的 Paint 模块。喷漆的设计、优化和离线编程，其功能包括：喷漆路线的自动生成、多种颜色喷漆厚度的仿真、喷漆过程的优化。

其主要特点包括：

（1）与主流的 CAD 软件（如 NX、CATIA、IDEAS）无缝集成；

（2）实现工具工装、机器人和操作者的三维可视化；

（3）制造单元、测试以及编程的仿真。

缺点：价格昂贵，离线功能较弱，Unix 移植过来的界面，人机界面不友好。

5）DELMIA

DELMIA 是达索旗下的 CAM 软件（见图 1-10），是达索 PLM 的子系统。CATIA 是达索旗下的 CAD 软件。DELMIA 有 6 大模块，Robotics 解决方案只是其中之一，涵盖汽车领域的发动机、总装和白车身（body-in-white），航空领域的机身装配、维修维护，以及一般制

图 1 - 10　DELMIA 机器人仿真软件

造业的制造工艺。

DELMIA 的机器人模块 Robotics 利用强大的 PPR 集成中枢快速进行机器人工作单元建立、仿真与验证,是一个完整的、可伸缩的、柔性的解决方案。DELMIA 机器人模块的功能如下:

(1) 从可搜索的含有超过 400 种以上的机器人的资源目录中,下载机器人和其他的工具资源。

(2) 利用工厂布置规划工程师所完成的工作。

(3) 加入工作单元中工艺所需的资源进一步细化布局。

缺点: DELMIA 属于专家型软件,操作难度太高。

6) RobotStudio

RobotStudio 是瑞士 ABB 公司配套的软件,是机器人本体商中软件做得最好的一款(见图 1 - 11)。RobotStudio 支持机器人的整个生命周期,使用图形化编程、编辑和调试机器人系统来创建机器人的运行,并模拟优化现有的机器人程序。

RobotStudio 包括如下功能:

(1) CAD 导入。可方便地导入各种主流 CAD 格式的数据,包括 IGES、STEP、VRML、VDAFS、ACIS 及 CATIA 等。机器人程序员可依据这些精确的数据编制精度更高的机器人程序,从而提高产品质量。

(2) AutoPath 功能。该功能通过使用待加工零件的 CAD 模型,仅在数分钟之内便可自动生成跟踪加工曲线所需要的机器人位置(路径),而这项任务以往通常需要数小时甚至数天。

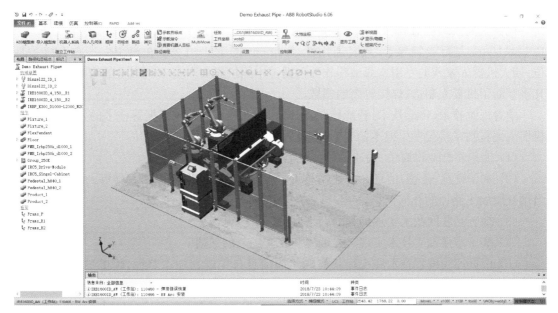

图 1-11　RobotStudio 离线仿真软件

（3）程序编辑器。可生成机器人程序，使用户能够在 Windows 环境中离线开发或维护机器人程序，可显著缩短编程时间、改进程序结构。

（4）路径优化。如果程序包含接近奇异点的机器人动作，RobotStudio 可自动检测出来并发出报警，从而防止机器人在实际运行中发生这种现象。仿真监视器是一种用于机器人运动优化的可视工具，红色线条显示可改进之处，以使机器人按照最有效方式运行。可以对 TCP 速度、加速度、奇异点或轴线等进行优化，缩短周期时间。

（5）可达性分析。通过 Autoreach 可自动进行可到达性分析，使用十分方便，用户可通过该功能任意移动机器人或工件，直到所有位置均可到达，在数分钟之内便可完成工作单元平面布置验证和优化。

（6）虚拟示教台。是实际示教台的图形显示，其核心技术是 VirtualRobot。从本质上讲，所有可以在实际示教台上进行的工作都可以在虚拟示教台（QuickTeach TM）上完成，因而是一种非常出色的教学和培训工具。

（7）事件表。一种用于验证程序的结构与逻辑的理想工具。程序执行期间，可通过该工具直接观察工作单元的 I/O 状态。可将 I/O 连接到仿真事件，实现工位内机器人及所有设备的仿真。该功能是一种十分理想的调试工具。

（8）碰撞检测。碰撞检测功能可避免设备碰撞造成的严重损失。选定检测对象后，RobotStudio 可自动监测并显示程序执行时这些对象是否会发生碰撞。

（9）VBA 功能。可采用 VBA 改进和扩充 RobotStudio 功能，根据用户具体需要，开发功能强大的外接插件、宏，或定制用户界面。

（10）直接上传和下载。整个机器人程序无须任何转换便可直接下载到实际机器人系统，该功能得益于 ABB 独有的 VirtualRobot 技术。

缺点就是只支持 ABB 公司的机器人。

3.离线编程软件发展趋势

机器人离线编程在国外的研究起步较早,而且已经拥有商品化的离线编程系统,像RobotMaster 是行业领导者,最具通用性;Siemens 的 RobotCAD 在汽车生产占有统治地位;四大机器人家族的专用离线编程软件占据了中国机器人产业70%以上的市场份额,并且几乎垄断了机器人制造、焊接等高端领域。

随着视觉技术、传感技术、智能控制、网络和信息技术以及大数据等技术的发展,未来的机器人编程技术将会发生根本的变革,主要表现在以下几个方面:

(1) 编程将会变得简单、快速、可视、模拟和仿真立等可见。

(2) 基于视觉、传感、信息和大数据技术,感知、辨识、重构环境和工件等的 CAD 模型,自动获取加工路径的几何信息。

(3) 基于互联网技术实现编程的网络化、远程化、可视化。

(4) 基于增强现实技术实现离线编程和真实场景的互动。

(5) 根据离线编程技术和现场获取的几何信息自主规划加工路径、焊接参数并进行仿真确认。

在不远的将来,离线编程技术将会得到进一步发展,并与 CAD/CAM、视觉技术、传感技术、互联网、大数据、增强现实等技术深度融合,自动感知、辨识和重构工件和加工路径等,实现路径的自主规划,自动纠偏和自适应环境。

任务四 熟悉 ABB RobotStudio 软件

1.下载 ABB RobotStudio 软件

登录 ABB 官网软件下载地址: https://new.abb.com/products/robotics/robotstudio/downloads,下载最新版本的 ABB RobotStudio 软件。

2.安装 ABB RobotStudio 软件

解压 RobotStudio 软件安装压缩包,打开解压包,找到 setup.exe 安装文件,并双击开始安装。

安装过程注意事项:

(1) 语言选择中文:Chinese(Simplified);

(2) 按照安装向导,单击"安装"按钮后一步步往下,遇到重新启动提示时重新启动,直至安装完成;

(3) 安装过程中不做任何选项的修改,尤其安装路径不要修改为含有中文字符。

3.ABB RobotStudio 软件主要功能界面

1) 文件菜单

文件菜单界面如图 1-12 所示,主要包括文件的保存、打开、关闭、在线连接控制器等功能。

2) 基本菜单

基本菜单界面如图 1-13 所示,主要包括搭建工作站、创建系统、路径编程、移动物体等所需的控件。

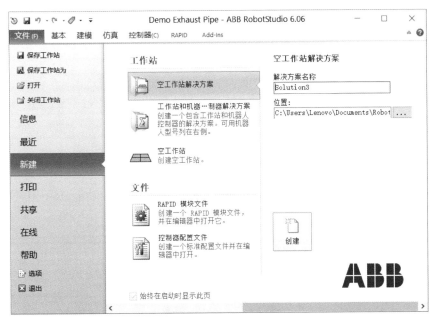

图 1-12　文 件 菜 单

图 1-13　基 本 菜 单

3）建模菜单

建模菜单界面如图 1-14 所示，主要包括创建和分组工作站组件、创建实体、测量以及其他 CAD 操作所需的控件。

图 1-14　建 模 菜 单

4）仿真菜单

仿真菜单界面如图 1-15 所示，主要包括仿真设定、控制、监控、记录所需的控件。

图 1-15　仿 真 菜 单

5）控制器菜单

控制器菜单界面如图 1-16 所示，主要包括用于虚拟器的操作、配置、同步的各类控件以及用于管理真实示教器的控制功能的控件。

图 1-16　控制器菜单

6）RAPID 菜单

RAPID 菜单界面如图 1-17 所示，主要包括 RAPID 编辑器的功能、RAPID 文件管理以及 RAPID 编程的控件。

图 1-17　RAPID 菜单

7）ADD-ins 菜单

ADD-ins 菜单界面如图 1-18 所示，主要用于添加各类 ABB 提供的应用安装包的安装。

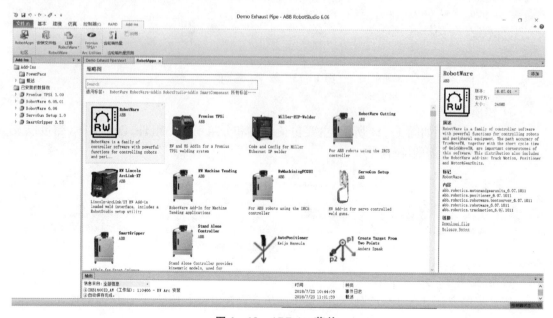

图 1-18　ADD-ins 菜单

项目总结

本项目主要介绍了工业机器人编程方法、工业机器人离线编程流程、离线编程的主流软

件以及典型的离线编程软件 ABB RobotStudio 的应用。

各类离线仿真软件各有特点,用户可根据自身实际需求,结合所用机器人本体,选择合适的离线编程仿真软件。

 习 题

1. 填空题(请将正确的答案,填在题中的横线上)

(1) 企业主要采用的机器人编程方式有两种:＿＿＿＿＿＿＿＿和＿＿＿＿＿＿＿＿。

(2) ＿＿＿＿＿＿＿主要应用于对精度要求不高的任务,如搬运、码垛、喷涂等领域。

(3) ＿＿＿＿＿＿＿广泛应用于打磨、去毛刺、焊接、激光切割、数控加工等机器人新兴应用领域。

(4) 使用 RobotStudio 的＿＿＿＿可以实现与真实机器人进行连接通信,对机器人进行便捷的监控、程序修改、参数设定、文件传送及备份恢复的操作,使得调试与维护工作更轻松。

(5) 一般说来,机器人离线编程系统主要模块有:＿＿＿＿＿＿、＿＿＿＿＿＿、＿＿＿＿＿＿、＿＿＿＿＿＿、＿＿＿＿＿＿及＿＿＿＿＿＿等。

(6) ＿＿＿＿＿＿＿的主要任务是把离线编程的源程序编译为机器人控制系统能够识别的目标程序。

(7) 常用离线编程软件,可按不同标准分类,可以按＿＿＿＿＿＿＿＿＿＿,也可以按＿＿＿＿＿＿＿＿＿＿＿。

(8) ＿＿＿＿＿＿＿是由北京华航唯实开发出的一款国产离线编程软件,填补了国产离线编程软件的空白。

2. 判断题(命题正确请在括号中打√,命题错误请在括号中打×)

(1) 离线编程时,机器人仍可在生产线上工作,编程不占用机器人的工作时间。（　　）

(2) 机器人离线编程可以不需要机器人系统和工作环境的图形模型。（　　）

(3) 离线编程系统中的一个基本功能是利用图形描述对机器人和工作单元进行仿真,这就要求对工作单元中的机器人所有的夹具、零件和刀具等进行三维实体几何构型。（　　）

(4) RobotStudio 6.06 及其以后的版本中 RobotWare 与 RobotStudio 是集成在一起的,因此在安装的时候无须联网。（　　）

(5) RobotStudio 6.06 必须安装在系统默认的 C 盘中才能正常使用。（　　）

(6) 操作系统中的防火墙不会造成 RobotStudio 的不正常运行,因此安装过程中无须理会防火墙。（　　）

(7) 在第一次正确安装 RobotStudio 以后,软件提供 60 天全功能高级版免费试用。60天以后,如果还未进行授权操作,则只能使用基本版的功能。（　　）

(8) 高级版提供 RobotStudio 所有的离线编程功能和多台机器人仿真功能。（　　）

3. 选择题

(1) RobotStudio 是由(　　)公司推出的离线编程软件。

A. ABB　　　　　　B. FANUC　　　　　　C. KUKA　　　　　　D. KAWASAKI

（2）工业机器人常用的编程方法主要有：示教编程、（　　）。

A. 拖动编程　　　　B. 现实复制编程　　C. 在线编程　　　　D. 离线编程

（3）机器人离线编程软件基本能够兼容多种品牌的机器人，那么 RobotStudio 6.06 中可以使用的机器人主要为（　　）。

A. FANUC 系列　　B. ABB 系列　　　C. KUKA 系列　　D. YASKAWA 系列

（4）国内自主品牌的机器人离线编程软件主要有（　　）等多个产品。（多选题）

A. RobotMaster　　B. Robotdk　　　C. RobotArt　　　　D. iNC Robot

项目二

工业机器人虚拟仿真工作站创建

 项目概述

RobotStudio 是 ABB 公司专门开发的工业机器人离线编程软件,它提供了在计算机中进行机器人示教器操作练习的功能,用于机器人单元的建模、离线创建和仿真。当 RobotStudio 与真实控制器一起使用时,它处于在线模式,当在未连接到真实控制器或在连接到虚拟控制器的情况下时,RobotStudio 处于离线模式。RobotStudio 软件以其操作简单、界面友好和功能强大得到广大使用者的好评。

本项目利用 RobotStudio 软件创建仿真 FST 工业机器人实训平台,实物如图 2-1 所示。该平台是一套融合工业机器人基本操作、系统集成应用于一体的工业机器人教学实训系统,包含 ABB IRB120 六自由度工业机器人、PLC 控制系统及多个系统应用模块,通过工业现场总线进行通信。实训平台可以进行工业机器人基本操作、编程训练、模拟焊接和涂胶、搬运码垛、视觉分拣、视觉定位纠偏与分拣、夹具自动上下料、工件自动装配、立体仓库自动出入库等应用教学。

在本项目中,将进行 FST 工业机器人工作站的硬件布局和控制系统创建。项目八再利用此工作站进行搬运的仿真操作,读者可打开项目八资源中"XM8_SC_Palletizing_OK.exe"文件查看机器人工作过程。

图 2-1 FST 工业机器人实训平台

任务一 创建机器人工作站

1. 任务描述

本任务利用已给的 rslib 格式工作站模型文件,完成创建机器人空工作站、导入机器人、

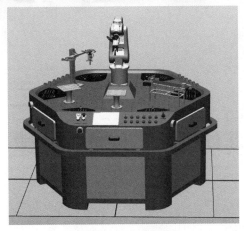

图 2-2 工作站布局

导入机器人工具并安装到法兰盘上、加载机器人周边模型和机械装置并布局。最终效果如图2-2所示。

2. 任务实施

下面从建立空工作站开始，导入机器人，利用提供的模型逐步完成机器人工具、周边设备的安装搭建。

1）创建机器人空工作站

打开 ABB RobotStudio 软件，如图 2-3 所示。选中"空工作站"，单击右侧的"创建"，如图2-4所示是空工作站。

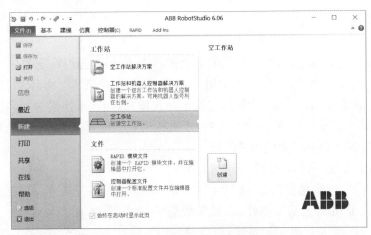

图 2-3　RobotStudio 软件打开界面

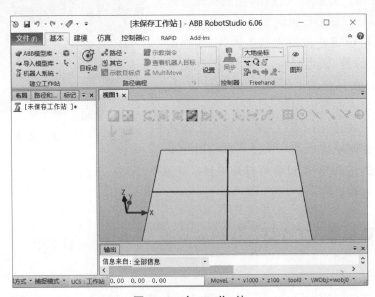

图 2-4　空 工 作 站

2）导入机器人

单击"基本"菜单下的"ABB 模型库"，选择不同型号的机器人，ABB 模型库提供了几乎所有的 ABB 机器人产品模型，作为仿真使用。

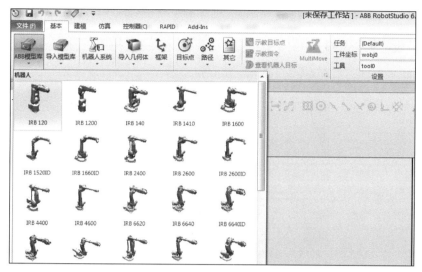

图 2-5　ABB 模型库

在图 2-5"ABB 模型库"中，选中"IRB 120"工业机器人并单击，出现对话框，如图 2-6 所示。

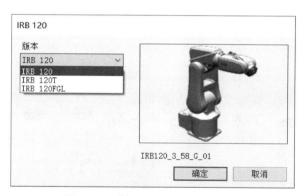

图 2-6　选择 IRB 120 机器人模型

IRB 120 机器人共有 3 个型号，从下拉菜单中选择其中的"IRB 120"，然后单击对话框中的"确定"按钮，在工作站中出现了 IRB 120 机器人模型，如图 2-7 所示。

3）导入机器人工具并安装到法兰盘

RobotStudio 软件设备库提供常用的标准机器人工装设备，包括 IRC 控制柜、弧焊设备、输送链、其他、工具及 Training Objects 大类，如图 2-8 所示。

如图 2-9 所示，选中"基本"菜单栏中的"导入模型库"，再单击"设备"按钮，然后单击所需的设备库中模型即将它放置到工作站中。

我们所建工作站的机械模型需要从外部导入。

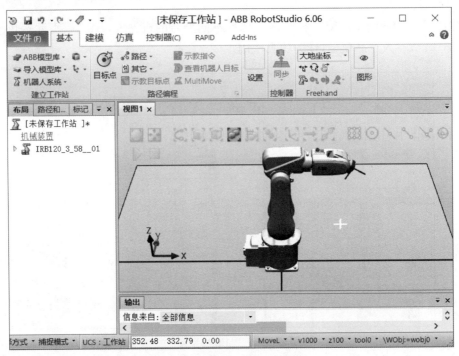

图 2-7　添加 IRB 120 机器人

图 2-8　设备库模型

图 2 - 9　选择 ABB 模型库设备

　　一种方法是直接打开模型所在的文件夹，将模型从文件夹中直接拖动到 RobotStudio 工作站中。

　　另一种方法是，将文件拷贝到 RobotStudio 的用户库（"我的文档"→"RobotStudio"→ "Libaries"）中，这样就可在"基本"菜单下"导入模型库"中的"用户库"中调用该机械模型。

　　这里先将模型拷贝至用户库下，然后单击"基本"菜单下的"导入模型库"，选中"用户库"，如图 2 - 10 所示。选中"用户库"中的工具"ClawTool"并单击。

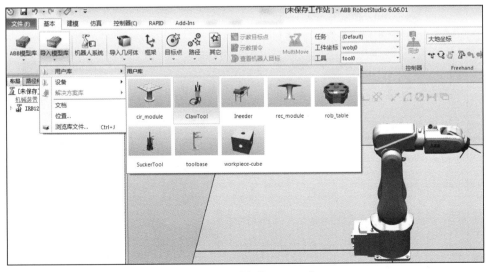

图 2 - 10　选择"ClawTool"

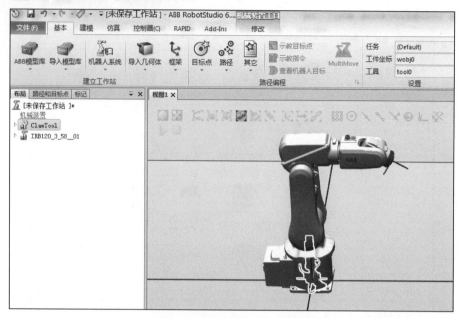

图 2-11　添加工具"ClawTool"

图 2-12　更新工具"ClawTool"位置

当机器人工具"ClawTool"添加完成后,工具位置如图 2-11 所示。此时工具"ClawTool"没有安装在机器人法兰盘上,在图 2-11 中左侧的"布局"窗口,选中"ClawTool"图标并拖动到 IRB 120 机器人图标上,放开鼠标后出现"更新位置"对话框,如图 2-12 所示。

在"更新位置"对话框中,单击"是",工具"ClawTool"就安装到机器人法兰盘上,如图 2-13 所示。

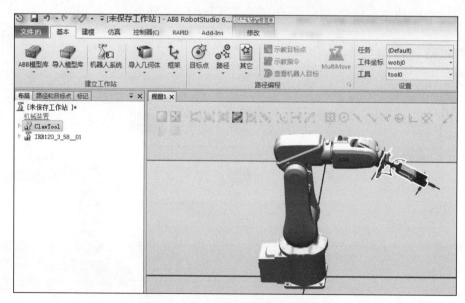

图 2-13　"ClawTool"安装到法兰盘上

4）加载机器人周边模型和机械装置并布局

周边模型和机械装置在工作站中位置的布局主要通过在"布局"窗口右击该模型，然后从"位置"选项中选择"设定位置"→"偏移位置"→"旋转"和"放置"方式中的一种进行设定位置，如图2-14所示。在"设定位置"→"偏移位置"→"旋转"设置时要注意所选的"参考"是"本地"→"大地坐标"还是其他。"放置"方式也有5种：一个点、两点、三点法、框架和两个框架。

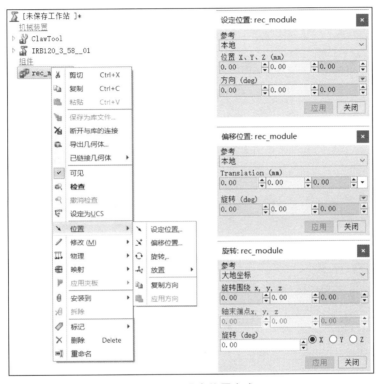

图2-14　设定位置方式

本项目中，对模型的位置设定直接采用了"设定位置"的方式。

（1）添加工作台"rob_table"。单击"基本"菜单下的"导入模型库"，单击"用户库"，如图2-15所示。

图2-15　选中用户库

选中模型"rob_table"并单击,如此添加工作平台"rob_table",如图 2-16 所示。

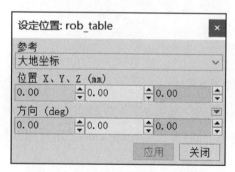

图 2-16 添加"rob_table"模型

工作平台"rob_table"添加后,其位置设定如图 2-17 所示。

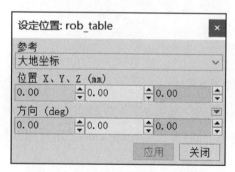

图 2-17 机器人工作台位置设定

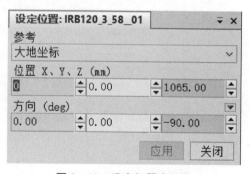

图 2-18 设定机器人位置

然后将机器人安装到工作平台上的机器人基座上。在"布局"窗口,选中 IRB 120 机器人并右击,选中"位置",选择"设定位置",按照图 2-18 所示的数据修改机器人位置参数,修改完毕后,单击"应用"并"关闭",将机器人安装在工作平台,如图 2-19 所示。

(2) 添加"cir_module"。单击"基本"菜单下的"导入模型库",再单击"用户库",选中模型"cir_module"并单击,添加"cir_module"。在"布局"窗口,选中"cir_module"并右击,选中"位置",单击"设定位置",按照图 2-20 所示的数据修改"cir_module"位置参数,修改完毕后,单击"应用"后并"关闭"。

(3) 其余模型导入。工作站中需要导入的模型还有: rec_module、toolbase、SuckerTool 和 InFeeder 各 1 个以及 2 个 Workpiece-cube。

图 2 - 19　机器人位置设定完成

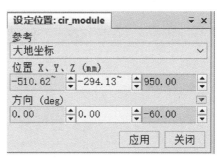

图 2 - 20　设定 cir_module 位置

导入 rec_module、toolbase、SuckerTool 和 InFeeder 模型后,采用与设置"cir_module"相同的方法设置位置,其位置设置如图 2 - 21 所示。

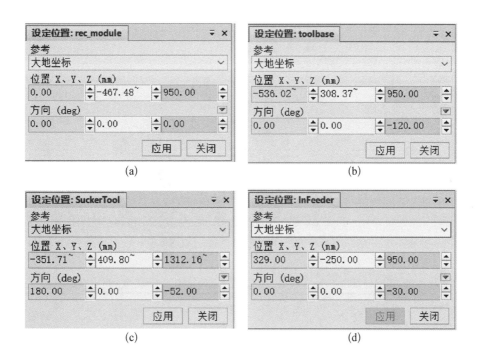

图 2 - 21　各模块位置设定

(a) rec_module 位置参数;(b) toolbase 位置参数;(c) SuckerTool 位置参数;(d) InFeeder 位置参数

(4) 添加 2 个工件"Workpiece-cube"。添加 2 个工件"Workpiece-cube",1 个工件用于传送带传送,另一个工件用于示教。在"布局"窗口选中"Workpiece-cube_2"并右击,将该工件的名字重命名为"Workpiece-cube_示教",如图 2 - 22 所示。

至此,工作站布局就创建完成了,RobotStudio 软件窗口如图 2 - 23 所示,可保存工作站 XM2_FST.rsstn。

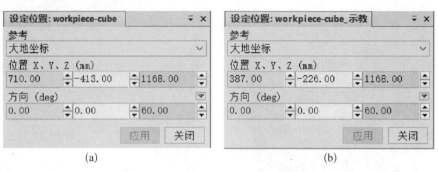

图 2－22　设定 Workpiece-cube 位置参数

（a）Workpiece-cube 位置参数；（b）Workpiece-cube_示教位置参数

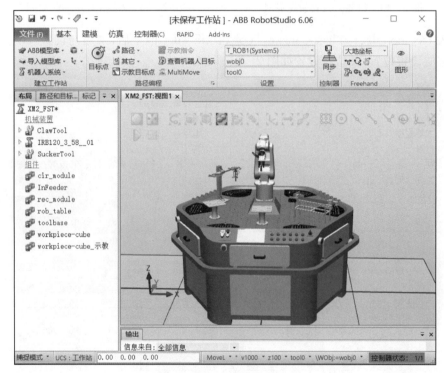

图 2－23　工作站窗口

任务二　创建机器人系统

1. 任务描述

本任务主要为创建的 XM2_FST 机器人工作站创建机器人系统，创建完成后将工作站共享打包。

2. 任务实施

1）创建机器人系统方法一

在完成了机器人工作站的布局以后，接着为机器人创建系统。

在"基本"菜单下,单击"机器人系统"下的"从布局",如图 2‑24 所示。

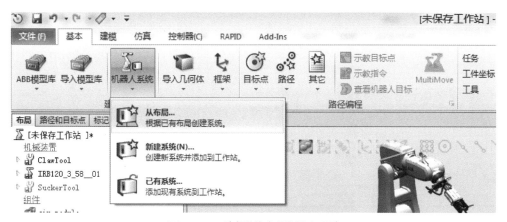

图 2‑24　选择"从布局"创建系统

在图 2‑25 所示界面中,选择 RobotWare 版本为 6.06,可以修改机器人控制系统的名称,设定保存位置,然后单击"下一个"。

图 2‑25　设置系统名字和位置

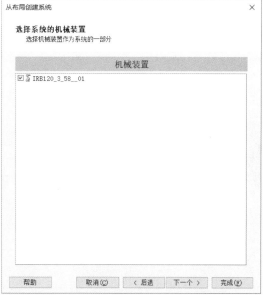

图 2‑26　选择系统的机械装置

在图 2‑26 中,选择机械装置中确认机器人被选中,继续单击"下一个",出现如图 2‑27 所示的"系统选项"窗口。

在图 2‑27 中,单击"选项",出现如图 2‑28 所示"更改选项"界面。

选中左侧"类别"下的"Default Language",现将默认的语言"English"前的"√"去除,然后选择"Chinese"选项,将机器人默认语言修改为中文。

单击"类别"菜单下的"Industrial Networks"选项,选择右侧的"709‑1 DeviceNet Master/Slave"作为工业网络,如图 2‑29 所示。

图 2 - 27　系 统 选 项

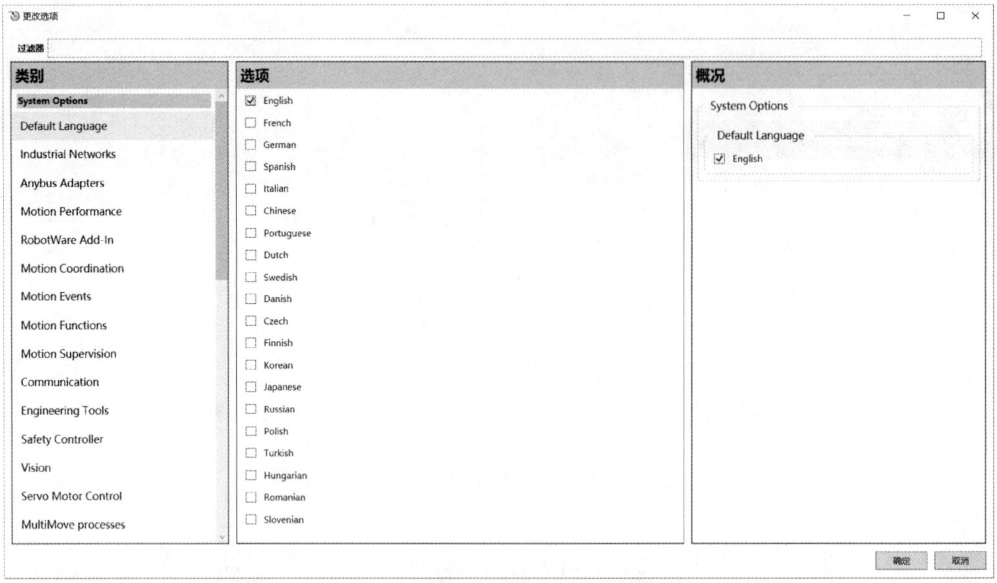

图 2 - 28　默认语言设置为 Chinese

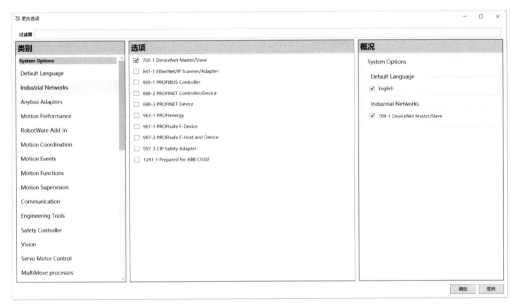

图 2-29 选择工业网络

完成选择后，单击"确定"按钮，回到如图 2-27 所示的从布局创建系统界面。单击图 2-27 中的"完成"后，可以看到右下角"控制器状态"为红色，表示系统正在创建中，如图 2-30 所示。

图 2-30 控制器状态为红色

等待"控制器状态"变成绿色，如图 2-31 所示，这样机器人系统就创建完成。

2）工作站打包

当机器人工作站创建完成后，再次对工作站进行保存操作。

（1）查看工作站系统信息。单击"文件"菜单中的"信息"选项，可以查看机器人系统的相关信息，如图 2-32 所示。

（2）工作站打包。如果工作站需要在其他电脑上使用，还可以将工作站、控制系统等文件进行打包。单击图 2-33 中"共享"按钮，选择 "打包"选项，出现对话框，如图 2-34 所示。

在图 2-34 中，单击"浏览"，出现如图 2-35 所示页面。在图 2-35 中，将工作站命名为"XM2_FST"，然后单击"保存"，这样工作站文件打包完成，可方便以后使用。工作站打包文件名后缀为.rspag。

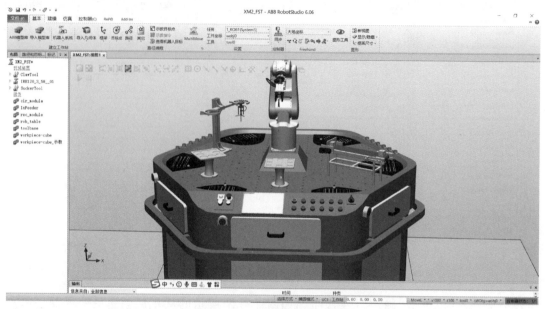

图2-31 控制器状态为绿色

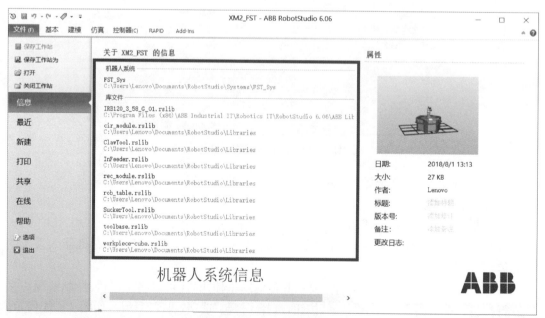

图2-32 机器人系统信息

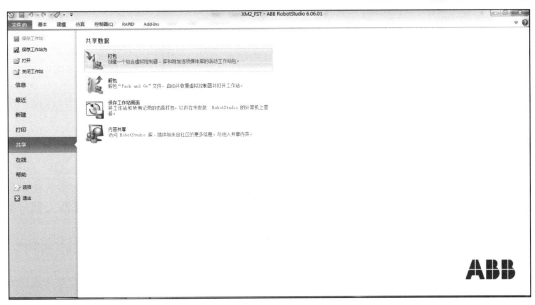

图 2-33　选　择　打　包

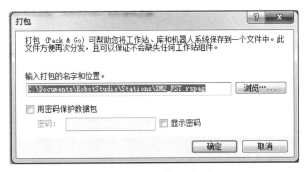

图 2-34　工 作 站 打 包

图 2-35　打　包　文　件

任务三　创建工作站和机器人控制器解决方案

1. 任务描述

在任务一和任务二中,通过创建工作站和创建系统完成了仿真工作站的创建,这里再介绍一种通过创建解决方案,一体化创建工作站和机器人控制系统的方法。

2. 任务实施

下面通过创建工作站和机器人控制器解决方案创建仿真工作站。

打开 RobotStudio 软件,如图 2-36 所示,选中"新建"选项下的"工作站和机器人控制器解决方案",在右边的"工作站和机器人控制器解决方案"窗口设置名称、位置、机器人型号等信息后,单击"创建",会自动创建带机器人和系统的工作站。

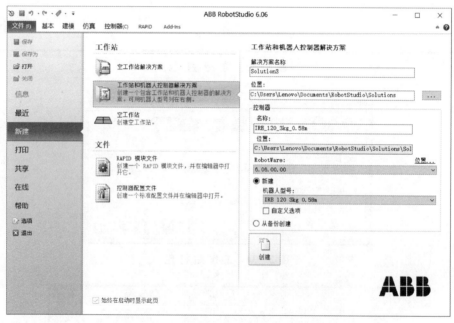

图 2-36　工作站和机器人控制器解决方案

图 2-37 为系统在创建过程中。在创建过程中根据所选的机器人类型可能会要求再次选择机器人具体型号,如图 2-38 所示。

在图 2-38 中选择机器人"IRB120_3_58_G_01",单击"确定",等待机器人和控制系统创建完成。创建完成后机器人及工作站系统同步完成,如图 2-39 所示。

系统创建完成后如果需要更改系统选项,点击控制器菜单下的"修改选项",进行系统选项的更改,如图 2-40 所示。

或者在控制器窗口,右击"控制器",出现如图 2-41 所示界面。选中"修改选项",可以更改系统选项了。

单击"修改选项"后出现如图 2-42 所示界面。和前面方法相同,修改语言和工业网络后,单击"确定"。

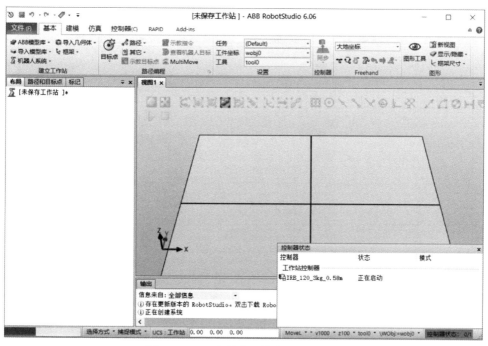

图 2-37　正在创建机器人工作站系统

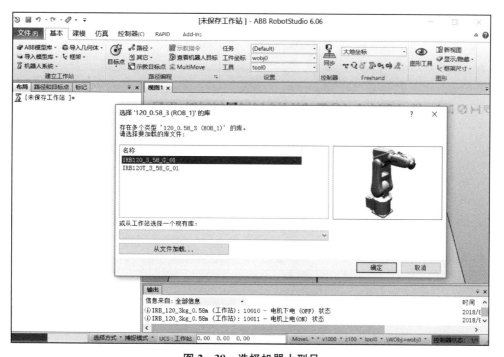

图 2-38　选择机器人型号

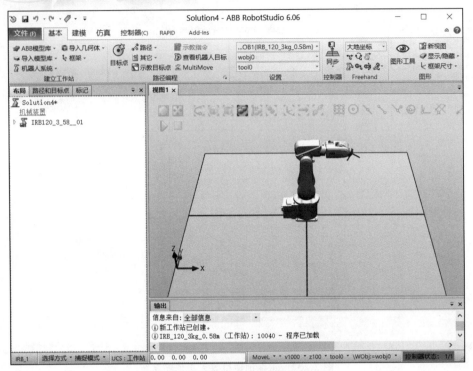

图 2-39　创　建　完　成

图 2-40　控制器下的修改选项

图 2-41　控制器菜单下修改选项

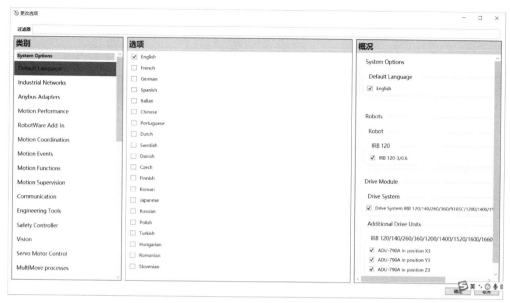

图 2 - 42 更 改 选 项

出现如图 2 - 43 所示界面,单击"是",系统重置后生效。

图 2 - 43 重 置 系 统

然后在此基础上完成工作站的布局。

任务四 常用工具的使用

1. 任务描述

在进行工作站布局时,可以借助一些快捷、方便的工具进行操作,这里介绍 Freehand 工具和测量工具的一些使用方法。

2. 任务实施

1) Freehand 工具使用

Freehand 工具可供移动模型使用,如图 2 - 44 所示,包括移动、旋转、拖动、手动关节、手动线性、手动重定位及多个机器人手动操作。其中手动关节、手动线性、手动重定位及多个机器人手动操作需要建立机器人系统后才可使用。

移动物体操作如图 2 - 45(a)所示,可以沿箭头方向直线移动模型。旋转物体操作如图 2 - 45(b)所示,可以沿箭头方向旋转模型。

图 2-44 Freehand 工具

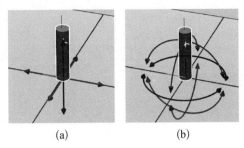

图 2-45 Freehand 工具

(a) 移动模型;(b) 旋转模型

2) 测量工具使用

在 RobotStudio 中还提供了测量功能,主要有以下几种方式:点到点、直径、角度、最短距离。

在进行测量时,要合理选用测量方式并充分利用视窗上提供的各种快捷按钮,如图 2-46 所示,主要包括查看方式、选择部件方式、捕捉模式、测量方式等。

图 2-46 各种快捷按钮

(1) 两点之间距离测量。测量两点之间距离方法如图 2-47 所示。单击"测量"按钮后,输出栏也会提示操作步骤,在操作过程中,2 个点捕捉完成后,这 2 点的距离测量值就显示出来。

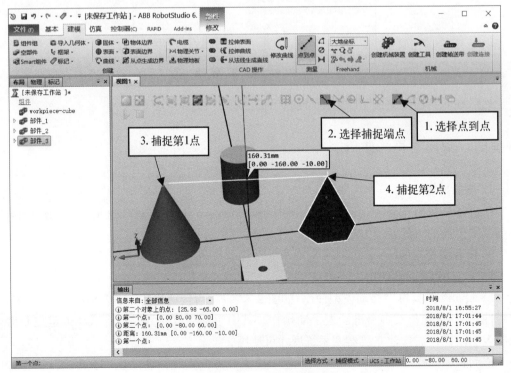

图 2-47 点到点测量

（2）直径距离测量。直径测量方法如图 2-48 所示。在操作过程中,需捕捉圆周上 3 个点,3 点捕捉完成后,直径测量值就显示出来。

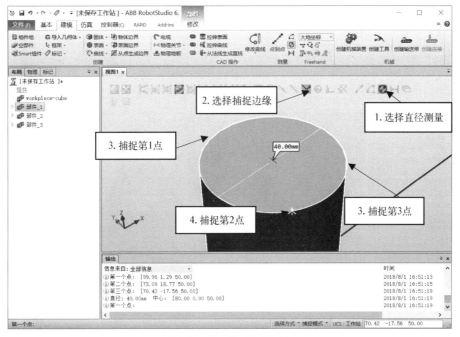

图 2-48 直径测量

（3）角度测量。角度测量方法如图 2-49 所示。在操作过程中,需捕捉 3 个点,测量的

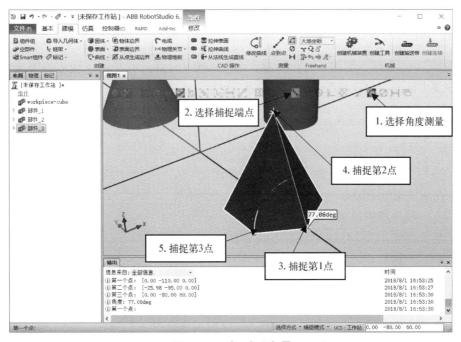

图 2-49 角度测量

角度是第 1、2 点连线和第 1、3 点连线的角度。3 点捕捉完成后,角度测量值就显示出来。

(4) 物体间最短距离测量。物体间最短距离测量如图 2-50 所示。在操作过程中,需捕捉 2 个物体,2 个物体捕捉完成后,其最短距离测量值就显示出来。

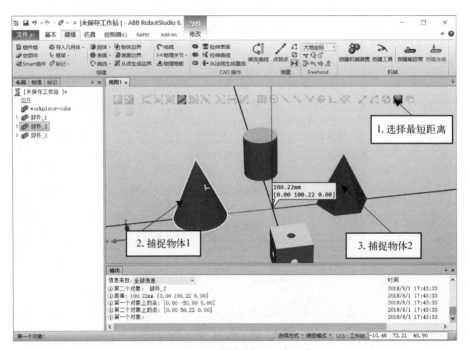

图 2-50　物体间最短距离测量

项目总结

在项目二中,介绍了创建了工业机器人工作站的硬件布局和控制系统创建方法,重点掌握模型布局方法和一些快捷工具的使用方法。

习　题

1. 填空题(请将正确的答案,填在题中的横线上)

(1) 在 RobotStudio 6.0x 中选择物体的方式主要有_____、_____、_____、选择部件、选择组、选择机械装置 6 种。

(2) 在 RobotStudio 6.0x 中捕捉方式主要有_____、_____、_____、捕捉末端、捕捉边缘、捕捉重心、捕捉本地原点和捕捉网格 8 种。

(3) 建立机器人系统之后,"基本"菜单中 Freehand 下的移动、旋转、拖动、_____、_____、_____和多个机器人手动操作都可以选择和使用了。

(4) 在左侧"布局"栏中选中机器人模型,单击鼠标选择_____可以查看机器人的工作区城,以方便建设工作站。

（5）在 RobotStudio 6.0x 中还提供了测量功能，主要有以下几种方式：＿＿＿＿＿、＿＿＿＿＿、＿＿＿＿＿、＿＿＿＿＿。

2.判断题（命题正确请在括号中打√，命题错误请在括号中打×）

（1）在实际中，要根据项目的要求选定具体的机器人型号、承重能力及到达距离。　　　　　　　　　　　　　　　　　　　　　　　　　　　（　　　）

（2）在 RobotStudio 6.0x 中安装机器人用的工具，可以在左侧"布局"栏中选中所要安装的工具并按住鼠标右键，将其拖到机器人上后松开，就可以完成安装。（　　　）

（3）在 RobotStudio 6.0x 中拆除工业机器人的工具可以使用右键菜单法：在左侧"布局"窗口中，选中所要拆除的工具并单击鼠标右键，选择"拆除"即可。（　　　）

（4）在 RobotStudio 6.0x 中，机器人模型可以安装模型库中的工具，也可以安装用户自定义的工具。　　　　　　　　　　　　　　　　　　　　　　　（　　　）

（5）若要隐藏机器人工作区域，在左侧"布局"栏中选中机器人模型，单击鼠标右键，再次单击"查看机器人的工作区城"，就可以关闭机器人的工作区域。（　　　）

（6）在 RobotStudio 6.0x 中，创建机器人系统有三种方法，分别是从布局、新建系统、已有系统。　　　　　　　　　　　　　　　　　　　　　　　　（　　　）

（7）在 RobotStudio 6.0x 中，Freehand 可以实现三维模型的平移、转动、关节等三种形式的运动。　　　　　　　　　　　　　　　　　　　　　　　　　（　　　）

（8）在 RobotStudio 6.0x 中，捕捉方式主要有捕捉对象、捕捉中心和捕捉末端、捕捉边缘、捕捉本地原点和捕捉重心 6 种。　　　　　　　　　　　　　　（　　　）

3.选择题（请将正确答案填入题前括号中）

（　　）（1）在 RobotStudio 6.0x 中拆除工业机器人工具的方法是，在（　　）布局中，选中所要拆除的工具单击鼠标（　　），选择"拆除"即可。

A. 左侧、左键　　　　B. 右侧、右键　　　　C. 右侧、左键　　　　D. 左侧，右键

（　　）（2）若要隐藏机器人工作区城，在（　　）布局中选中机器人模型，单击鼠标（　　），再单击"查看机器人的工作区域"，就可以关闭机器人的工作区域。

A. 左侧、左键　　　　B. 右侧、右键　　　　C. 右侧、左键　　　　D. 左侧，右键

（　　）（3）RobotStudio 6.0x 中提供了查看（　　）和查看（　　）的快捷按钮，可方便用户查看工作站视图。

A. 全部、局部　　　　B. 中心、全部　　　　C. 局部、细节　　　　D. 中心、局部

（　　）（4）在 RobotStudio 6.0x 中捕捉方式主要有捕捉对象、中心、中点、末端、边缘、重心和（　　）8 种方式。

A. 对称点、本地原点　　　　　　　　B. 对称点,网格

C. 本地原点,网格　　　　　　　　　D. 网格、局部

（　　）（5）在 RobotStudio 6.0x 中根据布局创建机器人系统的方法有从布局、（　　）三种基本方法。

A. 规模、已有系统　　　　　　　　　B. 规模、新建系统

C. 新建系统、已有系统　　　　　　　D. 新建系统、修改系统

项目三
工业机器人工作站模型创建

 项目概述

　　创建工业机器人工作站时，需要创建或导入不同类型的三维模型、机械装置和机器人工具。如果工作站机器人的节拍、到达能力等对周边模型要求不高，可以使用简单的等同实际大小的基本模型进行代替，从而节省仿真验证的时间，提高工作效率。但在实际情况下，RobotStudio 自带的模型无法满足需求，一方面可以使用 RobotStudio 的建模功能创建工作站所需的三维模型，另一方面可以借助第三方 CAD 软件进行建模，再将模型导入到 RobotStudio 中来。

　　本项目任务一使用了 RobotStudio 的建模功能创建了机器人基座、机器人工具等简单的三维模型，如图 3-1 所示。

图 3-1　基座及工具模型

图 3-2　工作台及吸盘工具模型

　　任务二、三中，选取 FST 机器人实训平台中的 2 个零件，使用专业三维建模软件 Proe 进行了建模，如图 3-2 所示。

任务一　利用 RobotStudio 建模

1. 任务描述

RobotStudio 建模功能主要可以实现：创建各类型固体、表面及曲线；创建 Smart 组件；交叉、减去、结合、拉伸等 CAD 操作。

本任务通过 RobotStudio 软件创建各类型固体，通过交叉、减去、结合、拉伸等 CAD 操作等功能创建一个基座和一个工具模型，如图 3-3 所示。

基座是一个 300 mm × 300 mm × 200 mm 的立方体，其中在上表面均布着 4 个直径 ⌀12 mm 深 100 mm 的安装孔，安装孔距离立方体边缘都为 75 mm。

工具模型是一个锥形，底部圆柱直径 40 mm，高度 100 mm；中间圆柱体直径 25 mm，高度 150 mm；顶部锥形体底部直径 25 mm，高度 40 mm。

图 3-3　基座及工具模型

2. 任务实施

1) 基座建模

（1）建立空工作站。打开 RobotStudio 软件，首先建立一个空工作站，如图 3-4 所示。

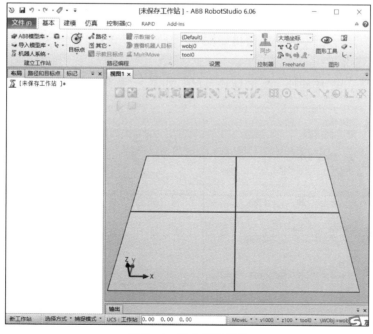

图 3-4　建立空工作站

（2）建立矩形体模型。单击"建模"菜单→"固体"→"矩形体"选项，如图 3-5 所示。

图 3-5　创建矩形体

在弹出的"创建方体"对话框中，设置矩形体的参数，如图 3-6 所示。单击"创建"后，创建的矩形体如图 3-7 所示。

图 3-6　创建矩形体

图 3-7　矩形体模型

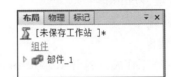

图 3-8　默认名称为部件_1

默认名称为"部件_1"，"布局"窗口如图 3-8 所示。

2）安装孔建模

单击"建模"菜单→"固体"→"圆柱体"选项，如图 3-9 所示。

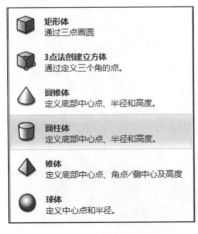

图 3-9　创建圆柱体

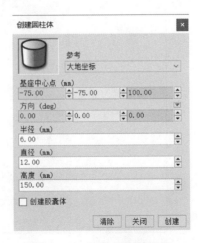

图 3-10　圆柱体参数设置

在"创建圆柱体"对话框中设置参数，创建一个直径 12 mm、高 150 mm 的圆柱体，位置位于（−75，−75，100）。如图 3 - 10 所示。

创建完成后，如图 3 - 11 所示。

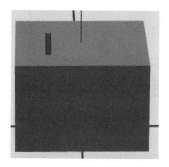

图 3 - 11　创建的圆柱体

图 3 - 12　CAD 操作

从如图 3 - 12 所示的"CAD 操作"中单击"减去"选项，弹出如图 3 - 13 所示的"减去"对话框。将"立方体"减去"圆柱体"，形成一个孔。

在图 3 - 13 所示的"减去"对话框中，"减去…"选择立方体，即"部件_1-Body"，"…与"选择圆柱体，即"部件_2-Body"，单击"创建"。

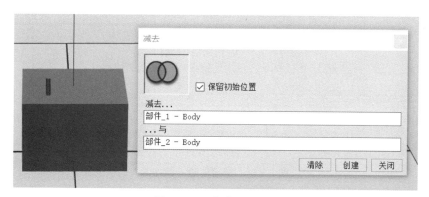

图 3 - 13　减 去 对 话 框

此时，在布局窗口生成了一个新的"部件_3"，如图 3 - 14 所示。

在"布局"窗口，将"部件_1"和"部件_2"删除，只剩"部件_3"，删除完成后的"布局"窗口和模型如图 3 - 15 所示。

同样的方法，在"创建圆柱体"对话框中设置参数，创建一个直径 12 mm、高 150 mm 的圆柱体，位置位于（75，−75，100）。如图 3 - 16 所示。命名为"部件_4"。

继续打开图 3 - 17 所示的"减去"对话框，"减去…"选择"部件_3-Body"，"…与"选择圆柱体，即"部件_4-Body"，单击"创建"。

创建完成后，将"部件_3"和"部件_4"删除，只剩"部件_5"，删除完成后的"部件_5"模型如图 3 - 18 所示。

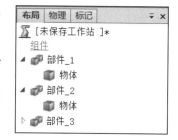

图 3 - 14　布 局 窗 口

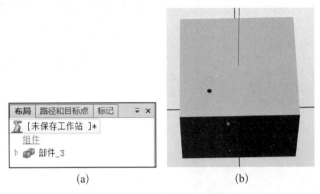

(a)　　　　　　　　　(b)

图 3‒15　布局窗口和模型

(a) 布局窗口；(b) 部件_3 模型

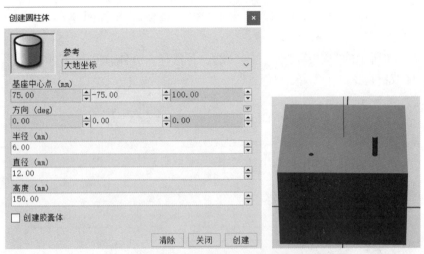

图 3‒16　继续创建一圆柱体

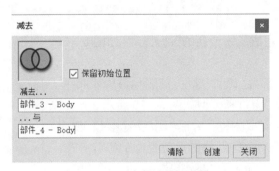

图 3‒17　减去对话框设置

　　同样的方法，再次在立方体模型上通过"CAD 操作"的"减去"方法生成 2 个孔，最后的模型如图 3‒19 所示。

　　在"布局"窗口，将"部件_9"重命名为"基座"，如图 3‒20 所示。

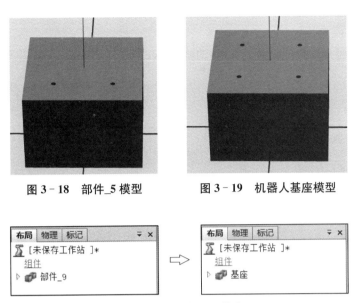

图 3-18 部件_5 模型　　　　图 3-19 机器人基座模型

图 3-20 重命名为基座

　　右击"布局"窗口内的"基座",选择"修改"→"设定颜色",如图 3-21 所示,然后为"基座"重新设定颜色,如图 3-22 所示。

图 3-21 设定颜色选项

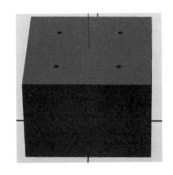

图 3-22 机器人基座模型颜色设定

至此，机器人基座模型已创建完成，为后面创建模型方便，可暂时将机器人基座设为不可见。

3）建立工具模型

先创建一直径 40 mm、高度 10 mm 的圆柱体，圆柱体中心点位于(0,0,0)，如图 3 - 23 所示。

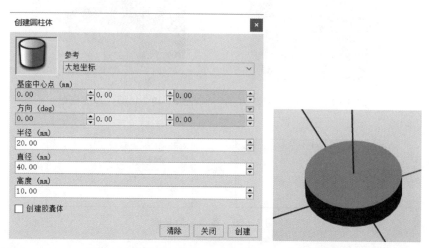

图 3 - 23　创建一直径 40 mm、高 10 mm 的圆柱体

继续创建一直径 25 mm、高度 150 mm 的圆柱体，圆柱体中心点位于(0,0,10)，如图 3 - 24 所示。

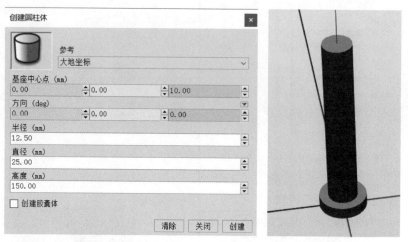

图 3 - 24　创建一直径 25 mm、高 150 mm 的圆柱体

单击"建模"菜单→"固体"→"圆锥体"选项，并在"创建圆锥体"对话框中设置参数，如图 3 - 25 所示。单击"创建"后，即创建一直径 25 mm、高度 40 mm 的圆锥体，该圆锥体位于 (0,0,160)。

创建完成后，"布局"窗口和模型如图 3 - 26 所示。

选择"CAD 操作"中的"结合"操作，将"部件_10""部件_11"和"部件_12"结合成一个模型。

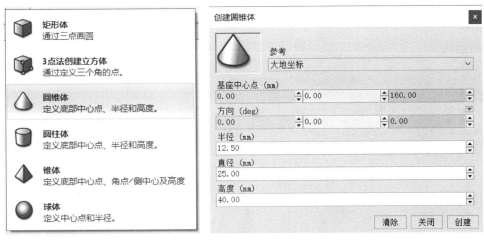

图 3-25 创 建 圆 锥 体

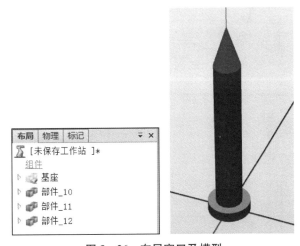

图 3-26 布局窗口及模型

首先将"部件_10"和"部件_11"结合,如图 3-27(a)所示,单击"创建"后生成新的模型

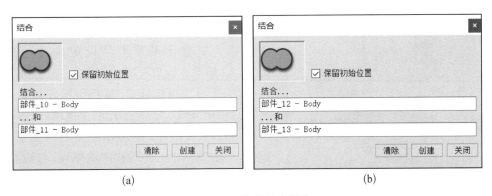

(a)   (b)

图 3-27 部件结合操作

(a) 部件_10 和部件_11 结合;(b) 部件_12 和部件_13 结合

"部件_13"。然后，再次选择"CAD 操作"中的"结合"操作，如图 3-27(b)所示，将"部件_12"和"部件_13"结合，生成新的模型"部件_14"。

最后在图 3-28 所示的"布局"窗口，将"部件_14"重命名为"工具"，并且修改颜色。

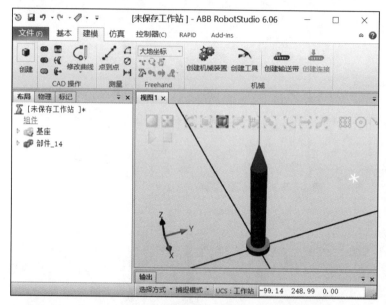

图 3-28　重命名"部件_14"

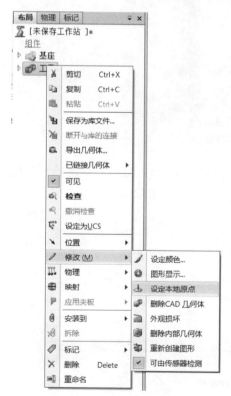

图 3-29　设定工具本地原点

4）工作站布局

为了能够将"工具"模型安装到机器人末端，可以在"工具"底部设定"本地原点"。右击"布局"窗口"工具"，选择"修改"→"设定本地原点"，将工具的本地原点设定在底部，即(0,0,0)位置。如图 3-29 所示。

设定完成后，为方便后续操作，将"工具"用 FreeHand 的"移动"移开一段距离，如图 3-30(a)所示。将机器人基座设置可见，如图 3-30(b)所示。

通过"ABB 模型库"添加 IRB120 机器人。右击"布局"窗口"工具"，选择"修改"→"设定位置"，将机器人放置于基座上，"设定位置"窗口如图 3-31 所示。设置完成后如图 3-32 所示。

在"布局"窗口，选中"工具"，按住鼠标左键，将"工具"往"IRB_3_58__01_3"上拖动，如图 3-33 所示，然后放开鼠标。在弹出的 3-34"更新位置"窗口，单击"是"，"工具"的"本地原点"与机器人末端法兰盘的 Tool0 框架重合，"工具"就安装在机器人上了，如图 3-35 所示。最后将文件保存为"XM3_1.rsstn"。

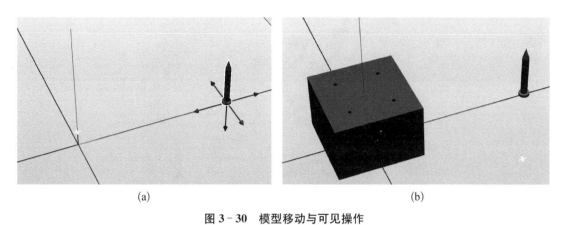

(a) (b)

图 3 - 30　模型移动与可见操作

(a) 用 FreeHand 的"移动"工具；(b) 设置基座可见

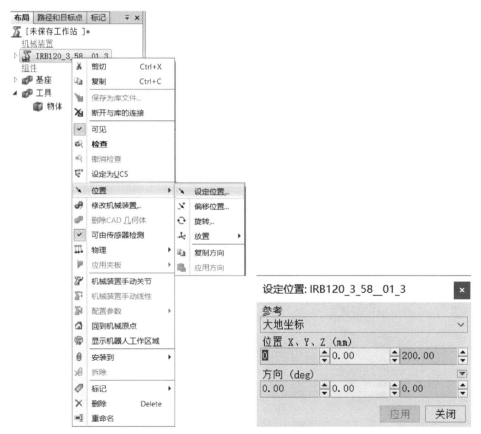

图 3 - 31　设定机器人位置

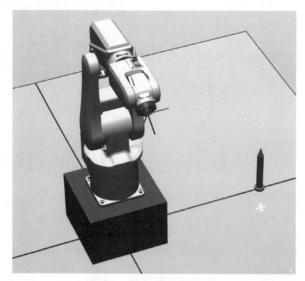

图 3 - 32　机器人新位置

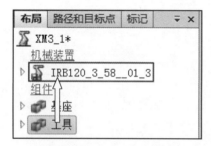

图 3 - 33　拖动工具至机器人

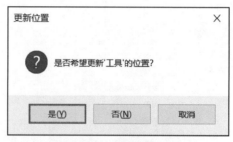

图 3 - 34　更新位置窗口

图 3 - 35　工具安装完成

在 RobotStudio 软件的建模功能中，还可以创建表面，如图 3 - 36 所示。
创建曲线功能如图 3 - 37 所示。

创建的表面、曲线可以通过"CAD 操作"进行拉升，如图 3 - 38 所示。

图 3-36　创建表面

图 3-37　创建曲线

图 3-38　拉伸表面及曲线

任务二　利用 Proe 软件创建圆形工作台模型

1. 任务描述

使用 RobotStudio 软件可以创建相对简单的模型,而在实际使用中,很多工作站的模型都比较复杂,那么就需要使用专业的三维设计软件来创建模型。

本任务中,将使用 Proe 软件通过设计产品基本草图、拉伸、旋转等方式来创建工作站的圆形台三维模型,如图 3-39 所示。

2. 任务实施

下面是建立圆形工作台的详细步骤。

1) 新建文件 model1.prt

(1) 选择新建命令。打开 Proe 软件,单击工具栏上

图 3-39　圆形工作台模型

"新建"按钮 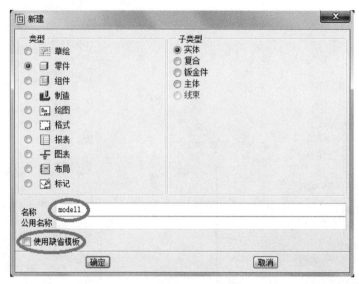 。设置选项如图 3 - 40 所示,点选"零件"选项,将"使用缺省模板"默认勾选项去掉完成后,单击"确定"按钮。

图 3 - 40　新建对话框

（2）选择模块。弹出"新文件选项"对话框后设置选项如图 3 - 41 所示,选择"mm_part_solid"毫米单位模板,完成后单击"确定"按钮。

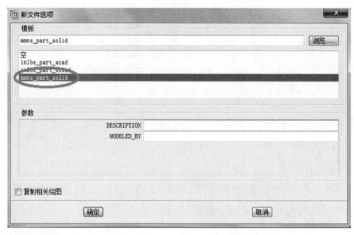

图 3 - 41　新文件选项对话框

（3）零件设计环境。设置好"新文件选项"对话框后的选项,单击"确定"按钮,进入零件设计模块环境。如图 3 - 42 所示。

2）生成底座

（1）选择草绘平面。选择"拉伸"按钮 。弹出"拉伸"对话框,单击"放置"→"定义"按钮,如图 3 - 43 所示。

弹出如图 3 - 44 所示"草绘"对话框。

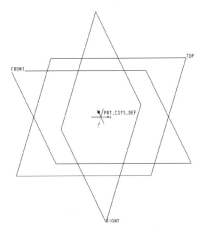

图 3-42　零件设计环境

图 3-43　放置定义对话框

图 3-44　草绘对话框

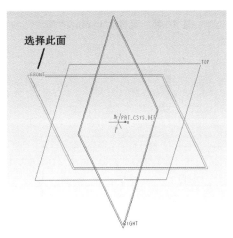

图 3-45　选择草绘平面示意图

在绘图工作区选择如图 3-45 所示的 FRONT 平面，单击"草绘"按钮，进入草绘环境。

（2）草绘图形。使用草绘工具"圆心和点" ⊙ ▾ ，绘制直径 120 mm 的圆，圆心在十字坐标轴中心，双击直径尺寸区域，修改为 120 mm，如图 3-46 所示。

使用草绘工具"圆心和点" ⊙ ▾ 绘制一个小圆，圆心在水平坐标轴线 0 度方向上，在小圆的上下两边用"线" ＼ ▾ 绘制与小圆相切的水平线，方向向右，长度过大圆边界即可，双击小圆直径尺寸改为 9 mm，如图 3-47 所示。

使用草绘工具"删除段" ⊁ ▾ ，删除多余的圆弧和直线段，双击修改直径 9 mm 的小圆中心与直径 120 mm 大圆中心距离改为 52.5 mm，如图 3-48 所示。

在 90 度方向、180 度方向、270 度方向重复画小圆、水平线、删除段、改尺寸的步骤，最后得到的完整底座草绘图形如图 3-49 所示。

（3）参数设置。单击"完成" ✔ 按钮，将拉伸对话框深度值改为 10 mm，单击右侧"确定"绿勾按钮。

如图 3-50 所示。

（4）完成底座。图形预览正确后，单击鼠标中键，得到底座实体如图 3-51 所示。

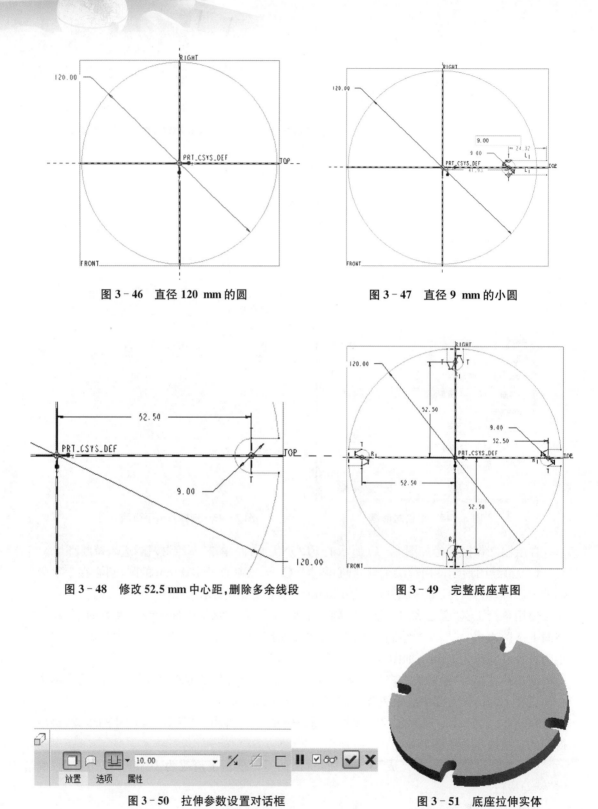

图 3－46　直径 120 mm 的圆

图 3－47　直径 9 mm 的小圆

图 3－48　修改 52.5 mm 中心距, 删除多余线段

图 3－49　完整底座草图

图 3－50　拉伸参数设置对话框

图 3－51　底座拉伸实体

3）创建中间腰型回转柱体

（1）选择草绘平面。单击工具栏上"旋转"按钮 ⊕，如图3－52所示。

图3－52　旋转参数设置对话框

弹出"旋转"对话框，单击"位置""定义"按钮，弹出"草绘"对话框。在绘图区域选择如图3－53所示的草绘平面，完成后，单击"草绘"按钮，进入草绘环境。

图3－53　位置定义"草绘"选择草绘平面对话框

（2）草图绘制。单击视窗工具栏"BOTTOM"按钮，将视图位置调整到正交状态，如图3－54所示。

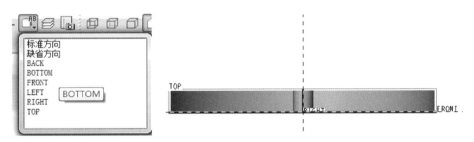

图3－54　正交视图方向设置

创建参考线，单击"草绘"工具栏"线"选项中心线按钮 ，绘制水平和垂直两条中心线；选择主菜单中"草绘""参照"命令，弹出"参照"对话框，选择拉伸体表面为参照线。如图3－55所示。

绘制回转体截面，单击草绘工具栏"3点相切弧"按钮 ，弧线两端分别点选绘图区域水平参考线和表面参照线且两点共线，单击草绘工具栏"垂直"尺寸标注按钮 ，单击圆弧端点与垂直坐标轴，再单击鼠标中键，出现尺寸标注，修改尺寸值为42.5 mm，三点弧线的中点相切于垂直参考线。单击"线"按钮 ，用直线沿着水平和垂直参考线用点的捕捉功能将弧线封闭。单击"圆角"按钮 ，在弧线两端倒圆角，圆角半径 R＝5 mm。单击"删除段"按钮 删除圆角边多余的线段。到此草图完成。如图3－56所示。

（3）参数设置。回到"旋转"对话框，参数设置如图3－57所示，注意红圈中旋转轴的选取。旋转轴建立工具按钮是 。点选图3－57红圈中的按钮。

（4）回转体生成。单击绿色勾号按钮，生成回转体，如图3－58所示。

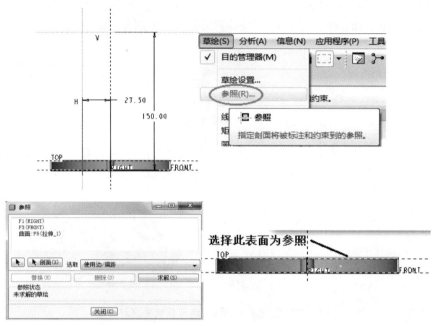

图 3 - 55　绘制中心线和参照线

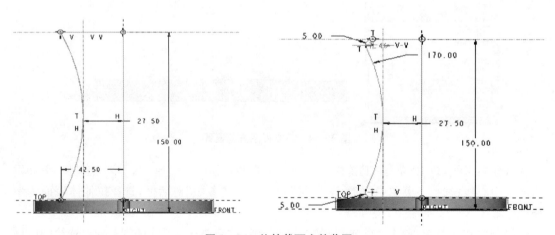

图 3 - 56　旋转截面完整草图

图 3 - 57　旋 转 轴 设 置

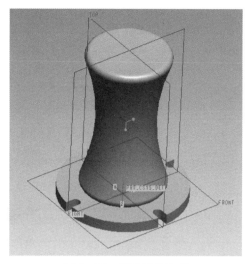

图 3-58 回转实体生成

4）创建顶部工作台面体

（1）选择草绘平面。选择"拉伸"按钮 🗗，弹出图 3-59 所示的"拉伸"对话框，单击"放置""定义"按钮，弹出"草绘"对话框如图 3-60 所示。

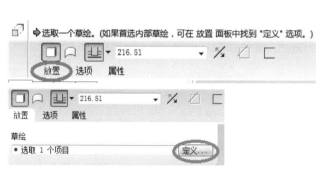

图 3-59 拉伸对话框

图 3-60 放置定义对话框

在绘图工作区选择如图 3-61 所示的旋转体顶面平面，单击"草绘"按钮，进入草绘环境。

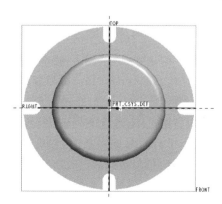

图 3-61 草图平面选择

（2）草图绘制。居中绘制 200 mm×200 mm 正方形，如图 3-62 所示。

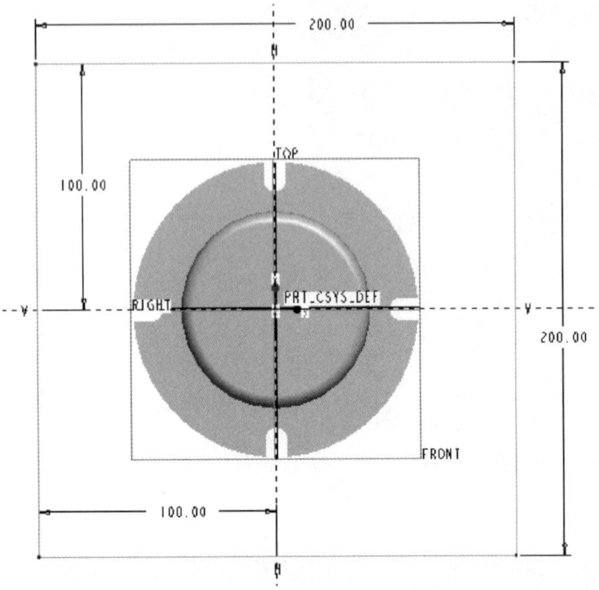

图 3-62　200 mm×200 mm 正方形草图

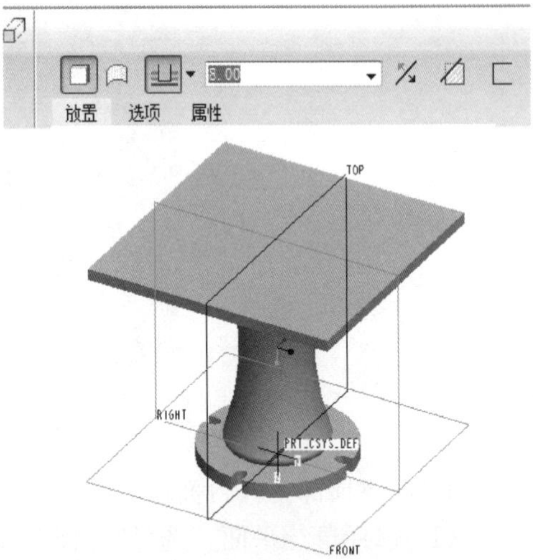

图 3-63　顶面实体生成

（3）生成顶面工作实体。单击蓝色勾号，设置厚度 8 mm，单击绿色勾号，如图 3-63 所示。

（4）生成 ∅55 mm×2 mm 圆形腔体。选择"拉伸"按钮 ，选择草绘平面，弹出如图 3-64 所示"拉伸"对话框，单击"放置""定义"按钮，弹出"草绘"对话框如图 3-65 所示。

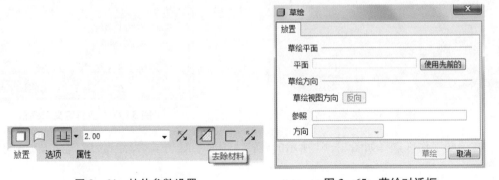

图 3-64　拉伸参数设置

图 3-65　草绘对话框

注意按下"去除材料"按钮，将深度设为 2 mm。

（5）生成 ∅55 mm×2 mm 圆形腔体。草图放置面就是工作台面顶面。如图 3-66 所示。

（6）阵列 ∅55 mm×2 mm 圆形腔体。点选左边目录树 ∅55 mm×2 mm 圆形腔，单击右键，出现右键菜单，点选阵列选项，出现如图 3-67 的阵列对话框。

选择矩形台面 X 向一条边，数量选择 3，距离填写 60；选择矩形台面 Y 向一条边，数量同样选择 3，距离填写 60，点选绿色勾号。请注意阵列图中的 9 个黑点，这个是可以点选的，本例正中间的一个不要产生阵列，可点选中间的黑点单击一下，当黑点变成白点时表示这一个阵列点不产生作用，则中间不产生圆腔体。如图 3-68 所示阵列中去除点。

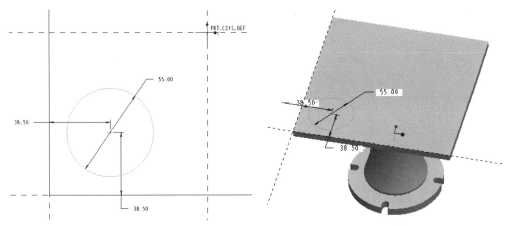

图 3 - 66　∅55 mm×2 mm 圆形腔体

图 3 - 67　∅55 mm×2 mm 圆形腔体阵列对话框

（7）最终完成的圆形工作台零件如图 3 - 69 所示。

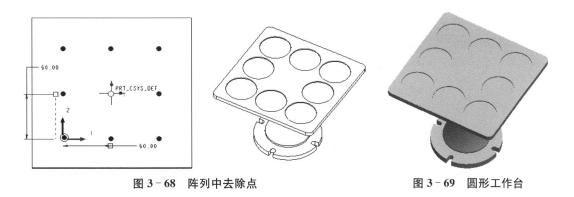

图 3 - 68　阵列中去除点　　　　**图 3 - 69　圆形工作台**

任务三　利用 Proe 软件创建吸盘工具模型

1. 任务描述

本任务中，将使用 Proe 软件通过在模型中建立拉伸、旋转、倒角、圆角、钻孔等操作的方式来创建工作站的吸盘工具三维模型，如图 3 - 70 所示。

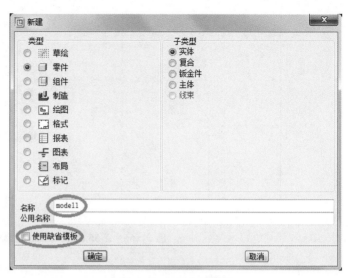

图 3-70 吸盘工具模型

图 3-71 新建对话框

2. 任务实施

1) 新建文件 model1.prt

（1）选择新建命令。打开 Proe 软件，单击工具栏上"新建"按钮 。设置选项如图 3-71 所示，点选"零件"选项，将"使用缺省模板"默认勾选项去掉，完成后，单击"确定"按钮。

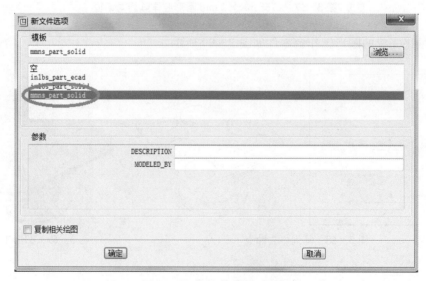

图 3-72 新文件选项对话框

（2）选择模块。弹出"新文件选项"对话框后设置选项如图 3-72 所示选择"mm_part_solid"毫米单位模板，完成后单击"确定"按钮。

（3）零件设计环境。设置好"新文件选项"对话框后的选项，单击"确定"按钮，进入零件设计模块环境。如图 3-73 所示。

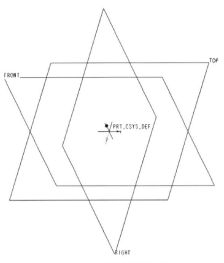

图 3-73　零件设计环境

2）建立工字圆台

建立旋转特征。如图 3-74 所示旋转特征对话框。

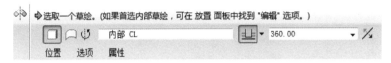

图 3-74　旋转特征对话框

绘制旋转特征截面草图,尺寸如图 3-75 所示,单击"完成"后生成如图 3-76 所示工字圆台。

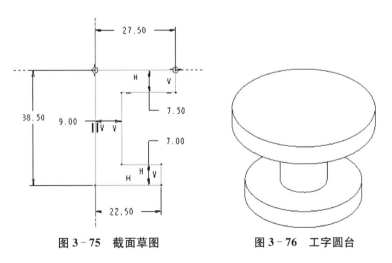

图 3-75　截面草图　　　　　　　　图 3-76　工字圆台

3）阵列圆孔、键槽、圆棒

（1）在 $\varnothing$55 mm 圆台上钻 $\varnothing$6 mm 的通孔,钻孔对话框如图 3-77 所示,预览钻孔如图 3-78 所示。

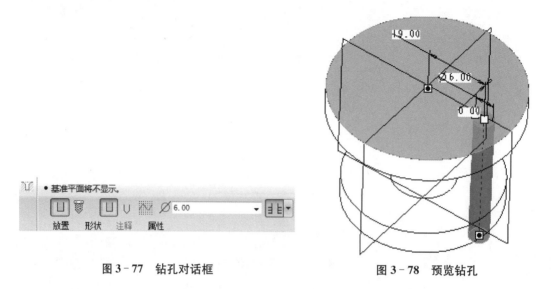

图 3-77 钻孔对话框   图 3-78 预览钻孔

（2）环形阵列 4 个。环形分布在 $\varnothing$38 mm 的圆上。钻孔阵列对话框和阵列结果如图 3-79 所示。

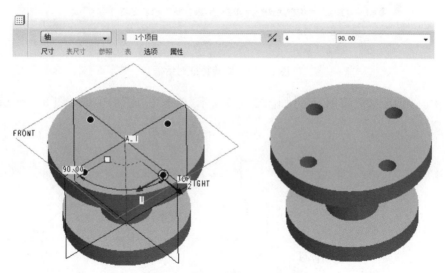

图 3-79 钻孔阵列对话框和阵列结果

（3）在 $\varnothing$45 圆台上创建宽为 7 mm 的键槽，并环形阵列 4 个。环形分布在 $\varnothing$38 mm 的圆上。拉伸切除对话框如图 3-80 所示，键槽草图尺寸如图 3-81 所示。

（4）环形阵列 4 个。环形分布在 $\varnothing$38 mm 的圆上。键槽阵列对话框如图 3-82 所示，键槽阵列结果如图 3-83 所示。

（5）在 $\varnothing$45 圆台上创建 $\varnothing$5.5 mm 的圆棒，并环形阵列 4 个，环形分布在 $\varnothing$38 mm 的圆上。圆棒拉伸对话框如图 3-84 所示，圆棒拉伸结果如图 3-85 所示，圆棒阵列对话框如图 3-86 所示，圆棒阵列结果如图 3-87 所示。

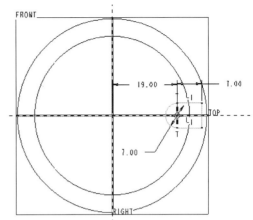

图 3－80　拉伸切除对话框

图 3－81　键槽草图尺寸

图 3－82　键槽阵列对话框

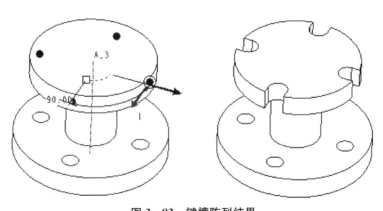

图 3－83　键槽阵列结果

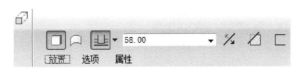

图 3－84　圆棒拉伸对话框

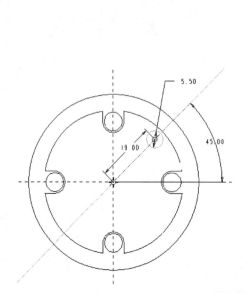
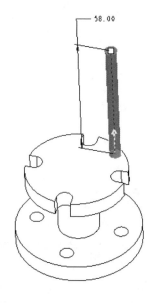

图 3 - 85　圆棒拉伸结果

图 3 - 86　圆棒阵列对话框

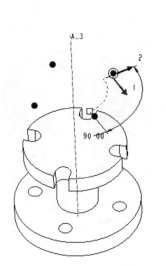
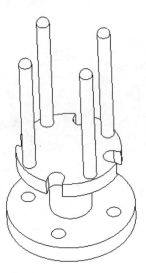

图 3 - 87　圆 棒 阵 列

4）建立吸盘结构

在 ∅45 mm 圆台面上以圆心为中心依次创建六边形凸台、圆柱、N 形旋转体。

（1）第一个六边形拉伸对话框如图 3 - 88 所示。

图 3 - 88　六边形拉伸对话框

依次选择下拉菜单栏"草绘"→"数据来自文件"→"调色板",在"调色板"对话框中选择六边形,并用鼠标左键按住六边形拖动到草图放置面上松开左键。将六边形比例设置为6,旋转角度为0。将六边形边长改为3.69 mm后完成高度为9 mm的六边形拉伸操作。图3-89所示为调色板菜单按钮,图3-90所示为调色板对话框和六边形尺寸。

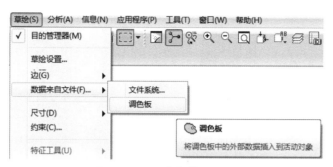

图3-89 调色板菜单按钮

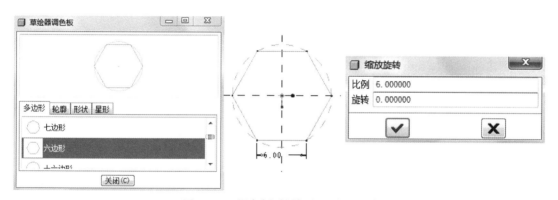

图3-90 调色板对话框和六边形尺寸

(2) 第二个六边形凸台:再以此六边形凸台顶面做拉伸特征放置面,并用草图中"偏移"指令,选择"环"点选六边形凸台顶面,偏置参数设为1 mm,确认高度为8 mm,再得到第二个六边形凸台。如图3-91所示第二个六边形凸台创建。

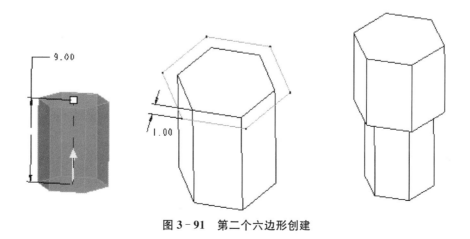

图3-91 第二个六边形创建

（3）第三个圆柱凸台是以第二个六边形凸台的顶面为拉伸特征放置面，绘制∅8 mm×16 mm圆柱体，如图3-92所示为圆柱尺寸和拉伸预览。

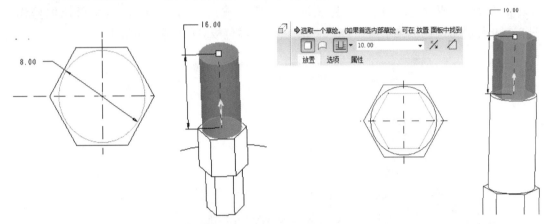

图3-92　第三个圆柱尺寸和拉伸预览　　　　图3-93　第四个六边体拉伸对话框、拉伸草图和拉伸预览

（4）第四个六边形凸台是以圆柱顶面为草图放置面，以第一个六边形凸台的顶面为"使用边"创建高度为10 mm六边体。如图3-93所示为第四个六边体拉伸对话框、拉伸草图和拉伸预览图。

（5）第五个圆柱凸台是以第四个六边形凸台的顶面为草图放置面，创建∅12 mm×3 mm圆柱体。如图3-94所示。

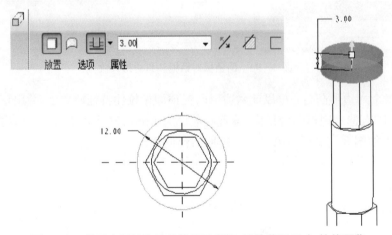

图3-94　第五个圆柱体拉伸特征对话框、拉伸草图尺寸、拉伸预览

（6）第六个N形旋转台是以Right基准面为草图放置面创建N形旋转体。如图3-95所示为旋转特征草图放置面的定义、草图尺寸和旋转特征预览。

5）建立吸盘电线接头

吸盘结构建立好以后，接下来考虑的是吸盘部位的电线接头。创建电线接头是以Right基准面为草图放置面创建接头旋转体。创建中心线距离底面63.5 mm，如图3-96所示为电线接头旋转特征对话框、草图尺寸和旋转完成结果。

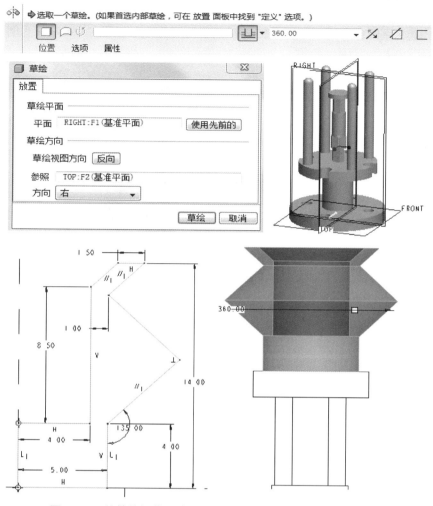

图 3‑95　旋转特征草图放置面的定义、草图尺寸和旋转特征预览

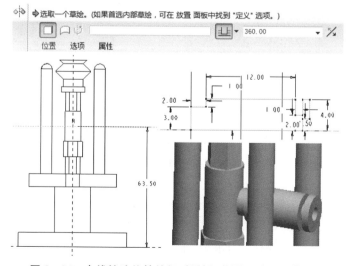

图 3‑96　电线接头旋转特征对话框、草图尺寸和旋转结果

6）建立工字圆台头部细节结构

（1）创建工字圆台 0.5 的倒角。图 3-97 所示为倒角对话框，图 3-98 所示为倒角预览。

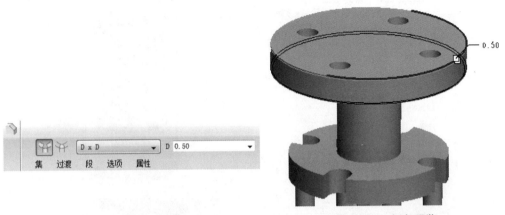

图 3-97　倒角对话框

图 3-98　倒角预览

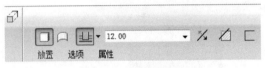

图 3-99　拉伸对话框

（2）创建圆环十字体。圆环十字体是圆环和 4 个圆棒的组合体，这里称为圆环十字体。首先是建立圆环，建立圆环拉伸特征，圆环外径 ∅55 mm，内径 ∅28 mm，厚度 12 mm。拉伸放置面在工字体顶面。如图 3-99 所示为拉伸对话框，图 3-100 所示为圆环拉伸草图尺寸和拉伸预览。

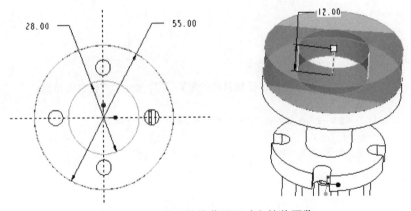

图 3-100　圆环拉伸草图尺寸和拉伸预览

（3）建立 ∅5 mm×12 mm 孔，圆心中心距 19 mm，并阵列 4 个。如图 3-101 所示为 ∅5 mm×12 mm 孔生成对话框及其预览和孔阵列对话框及其预览。

（4）建立两个 ∅6 mm×12 mm 孔，圆心中心距 23.5 mm，并圆心对称。如图 3-102 所示为 ∅6 mm×12 mm 孔生成对话框及其预览和孔圆心对称对话框及其预览。

（5）建立两个 ∅6 mm×0.3 mm 孔，圆心中心距 24 mm，并圆心对称，在孔底面建立两个 ∅1 mm×1 mm 六角形孔拉伸切除，圆心中心距 24 mm，并圆心对称。如图 3-103 所示为 ∅6 mm×0.3 mm 孔生成对话框和孔圆心对称对话框及其预览。

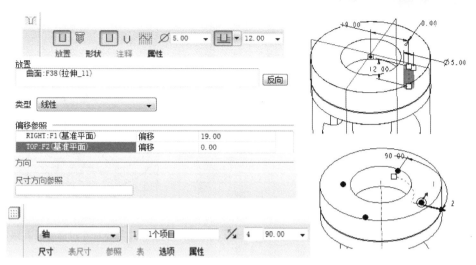

图 3－101 ∅5 mm×12 mm 孔生成对话框及其预览和孔阵列对话框及其预览

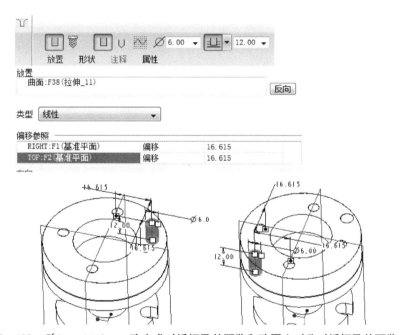

图 3－102 ∅6 mm×12 mm 孔生成对话框及其预览和孔圆心对称对话框及其预览

图 3－103 中心距为 24 mm 的∅6 mm×0.3 mm 孔生成对话框和孔圆心对称对话框及其预览

(6) 建立两个 $\varnothing 6\ mm\times 0.3\ mm$ 孔,圆心中心距 17.5 mm,并圆心对称,如图 3-104 所示为 $\varnothing 6\ mm\times 0.3\ mm$ 孔生成对话框和孔圆心对称对话框及其预览。

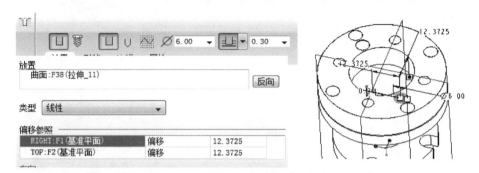

图 3-104 中心距为 17.5 mm 的 $\varnothing 6\ mm\times 0.3\ mm$ 孔生成对话框和孔圆心对称对话框及其预览

(7) 在上面四个圆孔底中心再建立 4 个外接圆半径为 1 mm 的六边形拉伸切除深为 1 mm 的六边形孔。如图 3-105 所示为四个 $\varnothing 2\ mm\times 1\ mm$ 六角形孔生成对话框和孔圆心对称对话框及其预览。

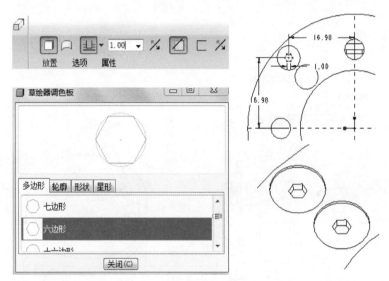

图 3-105 四个 $\varnothing 2\ mm\times 1\ mm$ 六角形孔生成对话框和孔圆心对称对话框及其预览

(8) 建立一个 $\varnothing 8\ mm\times 1\ mm$ 孔,圆心中心距 22 mm,在孔底部拉伸建立 $\varnothing 6\ mm\times 3\ mm$ 的圆台,在此圆台顶面再拉伸建立 $\varnothing 4\ mm\times 1\ mm$ 的圆台,再在此圆台顶面开一个宽×深为 $1\ mm\times 0.7\ mm$ 直通槽,然后用 45 度、90 度和 135 度基准面三次镜像得到六个孔、12 个凸台和六个直槽。如图 3-106 所示为六个孔、12 个凸台和六个直槽。

(9) 建立 1 个 $\varnothing 8\ mm\times 5\ mm$ 孔,圆心中心距 12 mm,水平定位尺寸 11.6 mm,垂直定位尺寸 3.1 mm,并 120 度阵列。如图 3-107 所示为圆周 120 度阵列 3 个 $\varnothing 8\ mm\times 5\ mm$ 孔。

(10) 建立 $\varnothing 8\ mm\times 0.5\ mm$ 和 $\varnothing 5\ mm\times 9\ mm$ 沉头孔,创建平行与 TOP 基准面并距离 27.5 mm 基准面 DTM3,在此基准面上插入沉头孔。如图 3-108 所示为沉头孔对话框及生成预览。

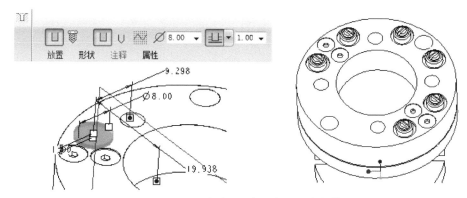

图 3‑106　六个孔、12 个凸台和六个直槽

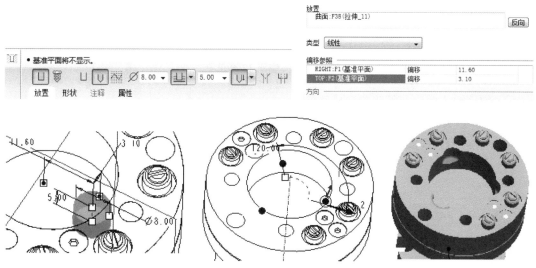

图 3‑107　圆周 120 度阵列 3 个 $\varnothing$ 8 mm×5 mm 孔

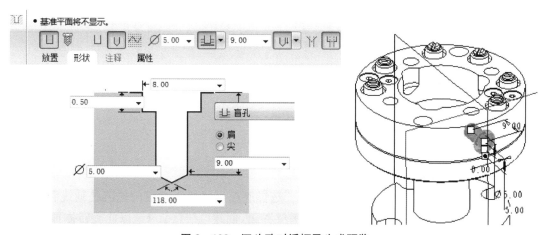

图 3‑108　沉头孔对话框及生成预览

阵列两次此沉头孔，最后得到侧面 12 个沉孔。如图 3 - 109 所示。

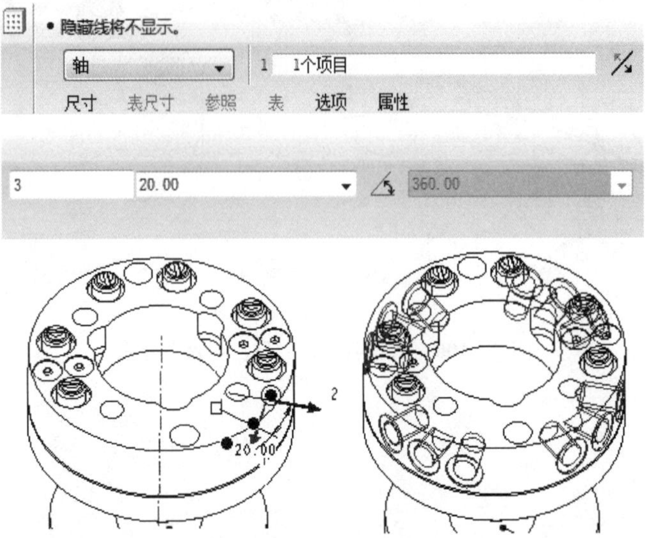

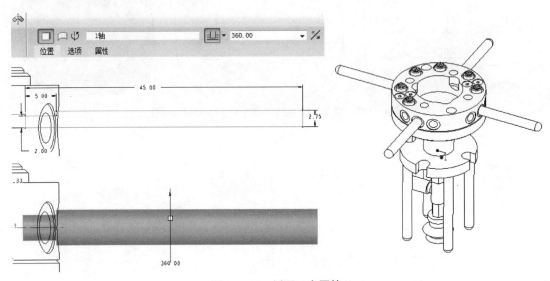

图 3 - 109　侧面 12 个沉孔

7）创建插入台阶孔的 4 个横棒

在 4 个侧面 0 度、90 度、180 度、270 度正交方向创建插入台阶孔的 4 个横棒，头部倒 $R2.75$ mm 圆角。如图 3 - 110 所示。

图 3 - 110　侧面 4 个圆棒

8）建立电线连接

（1）创建工字圆台部位电线 L 型接头。选择底部电线接头对面的侧沉孔轴线和 A3 轴线，创建 DTM5 基准面，以此面为旋转草图放置面，创建电线接头 1。以此旋转体顶面为拉伸放置面创建边长为 4.5 mm 的六边形草图，生成高度为 1 mm 的拉伸体。再以 DTM5 基准面为旋转体草图放置面创建电线接头2。电线L型接头水平部分如图3-111所示和L型接头垂直部分如图3-112所示。

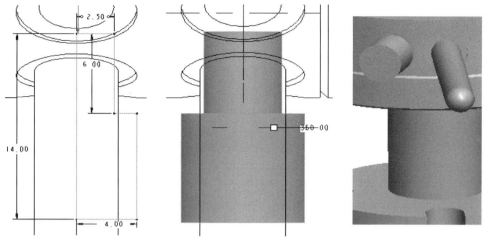

图3-111　电线L型接头水平部分

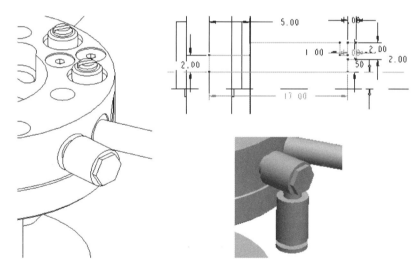

图3-112　L型接头垂直部分

（2）创建⌀3 mm的电线。首先创建基准曲线。先创建电线接头处的两个圆心点PNT0和PNT1，然后用基准曲线命令选择这两个点，再重新定义基准曲线分别与两个点所在轴线相切。基准曲线如图3-113所示。

（3）创建"可变剖面扫描"特征，点选上面创建的曲线，在其中一个电线接头处绘制⌀3 mm草图圆。最终生成如图3-114所示电线实体。

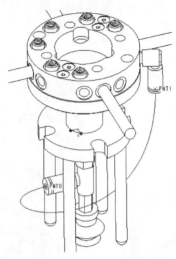

图 3-113 基准曲线   图 3-114 电线实体

 项目总结

ABB 仿真工作站中的模型一方面可以使用 RobotStudio 的建模功能创建,另一方面可以借助第三方 CAD 软件进行建模后导入。

本项目任务一通过简单的模型创建介绍了 RobotStudio 的建模功能的应用。任务二和任务三通过三维建模软件 Proe 创建了 2 个零件模型,介绍了 Proe 的简单使用,读者可根据需要进一步深入学习三维建模软件。

 习 题

1. 填空题(请将正确的答案填在题中的横线上)

(1) RobotStudio 6.0x 中建模功能的_____、_____、_____CAD 操作可以实现多个模型之间的相关操作。

(2) RobotStudio 6.0x 中的建模功能具有_____、_____、_____、从曲线生成表面 4 种不同的表面创建方法。

(3) RobotStudio 6.0x 中的建模功能可以实现_____、_____、_____、圆锥体、柱体、球体 6 种不同的固体创建。

(4) 在 RobotStudio 中创建曲线的基本方法有直线、圆、三点画圆、弧线、_____、_____、_____、_____、多段线、样条插补 10 种。

2. 判断题(命题正确请在括号中打√,命题错误请在括号中打×)

(1) RobotStudio 6.0x 中创建完成的三维模型,如果其尺寸参数不符合要求可以进行二次修改,直到达到要求。   (   )

(2) RobotStudio 6.0x 中的建模功能具有表面矩形、表面圆、表面多边形、从曲线生成表

面 4 种不同的表面创建方法。 （ ）

（3）RobotStudio 6.0x 主菜单"建模"功能选项卡中可以创建所需的三维模型，也可以导入第三方模型，但是不能对模型进行测量。 （ ）

（4）选择"建模"功能选项卡，单击"组合"菜单，然后选择相应的模型进行结合，单击"创建"按钮即完成组合，组合后产生新的部件，原部件自动删除。 （ ）

（5）在 RobotStudio 6.0x 中机器人模型可以安装模型库中的工具，也可以安装用户自定义的工具。 （ ）

（6）RobotStudio 6.0x 中只能导入 *.sat 格式的三维模型。 （ ）

（7）在 RobotStudio 6.0x 中导入几何体完成后，导入的模型位置无须进行相应调整。

（ ）

3. 选择题

（1）RobotStudio 6.0x 中的建模功能可以实现矩形体、立方体、圆柱体、圆锥体、（ ）6 种不同的固体创建。

A. 多面体、球体 　　　　　　　B. 曲面体、球体

C. 马鞍体、球体 　　　　　　　D. 柱体、球体

（2）RobotStudio 6.0x 中的建模功能具有（ ）、表面圆、表面多边形、从曲线生成表面 4 种不同的表面创建方法。

A. 表面矩形 　　　B. 圆柱体表面 　　　C. 三角形 　　　D. 菱形

项目四
机器人工具创建

 **项目概述**

在构建工业机器人工作站时，机器人法兰盘末端会安装用户自定义的工具。我们希望用户创建的工具能像 RobotStudio 模型库中的工具一样，安装时能够自动安装到机器人法兰盘末端并保证坐标方向一致，同时能够在工具的末端自动生成工具坐标系，从而避免工具方面的仿真误差。在本项目中，我们就来学习如何将工具几何模型创建成具有机器人工作站特性的工具（Tool）。

创建机器人工具基本分为四个步骤：

（1）创建一个工具模型（建模或导入几何模型）。

（2）在工具模型上创建能够与机器人法兰盘坐标系 Tool0 重合的本地坐标系，即本地原点。

（3）在工具末端创建一个工具坐标系框架，作为机器人的工具坐标系。

（4）创建工具。

本项目中任务一讲述了创建工具的一般步骤和方法，使用胶枪模型通过在工具末端创建一个工具坐标系框架来创建胶枪工具。

任务二中的吸盘模型的结构具有特殊性，其创建的工具坐标系与机器人 Tool0 的坐标之间的关系是确定的，即在 Tool0 的基础上，沿着 Z 方向平移了一定尺寸，因此无须添加辅助框架而直接输入数值来设定新的工具坐标系。

任务一 导入胶枪的 3D 模型并创建胶枪工具

1. 任务描述

创建一个胶枪工具，在安装时能自动安装到机器人法兰盘末端，保证坐标方向一致。并且能在工具的末端自动生成工具坐标系，从而避免工具方面的仿真误差。

2. 任务实施

1）导入 *.sat 文件

尽管 RobotStudio 自带建模功能，但较为复杂的 3D 模型都是由专业的 3D 绘图软件绘制而成,再转换成特定的文件格式导入 RobotStudio 中使用,例如通用的 ACIS 商业内核的 sat 数据格式文件(* .sat)。

在"基本"或"建模"菜单栏下选择"导入几何体"(见图 4-1),可直接"浏览几何体",如果需要导入的几何体较多,可事先将几何体都保存于"用户几何体"文件夹内,或者选择"位置"将存储几何体的文件夹路径添加到位置列表中,方便以后使用。

图 4-1　导入几何体

在本任务中,选择"浏览几何体",选择添加"工具 1.sat"文件。

工具安装过程中的安装原理为:工具模型的本地坐标系与机器人法兰盘坐标系 Tool0 重合,工具末端的工具坐标系框架即作为机器人的工具坐标系,所以需要对此工具模型做两步图形处理。如图 4-2 中虚线框所示,首先在工具法兰盘端创建本地坐标系框架,之后在工具末端创建工具坐标系框架。这样自建的工具就有了跟系统库里默认的工具同样的属性了。

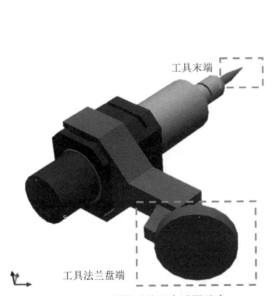

图 4-2　工具模型的两个重要端点

图 4-3　选择两点法放置几何体

2) 设定本地原点

设定工具的本地原点的具体步骤如图 4-3 至图 4-6 所示。

首先,放置工具模型的位置,使其法兰盘所在面与大地坐标系正交,以便于处理坐标系的方向。如图 4-3 选择两点法放置几何体,右键"工具 1"打开菜单,选择"两点法"来移动几何体。如图 4-4 所示,"主点-从"捕捉工具法兰盘的中心点 A 的坐标值,"主点-到"全设为 0,即大地坐标系原点;"X 轴上的点-从"捕捉图中点 B 的坐标值,"X 轴上的点-到"设为

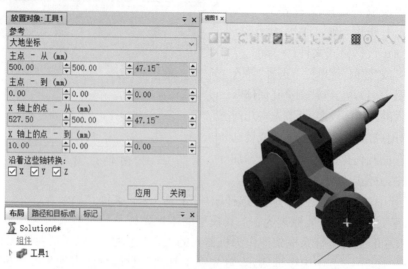

图4-4　放置位置参数设置

(10,0,0),即大地坐标系 X 轴正方向。然后单击"应用"。

　　此时,工具模型的本地坐标系的原点位置已设定完成,但是本地坐标系的方向仍需进一步设定,这样才能保证当工具安装到机器人法兰盘末端时能够保证其姿态也是所需要的。对于设定工具本地坐标系的方向,在多数情况下参考如下设定经验:工具法兰盘表面与大地水平面重合,工具末端位于大地坐标系 X 轴负方向。图4-4 中的工具几何模型的法兰盘表面在空间中的方向与大地水平面垂直,接下来通过绕 X 轴旋转90°调整该工具模型本地坐标系的方向,如图4-5 所示。

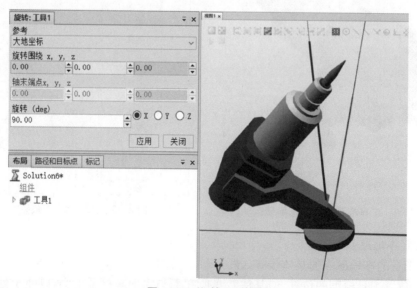

图4-5　旋 转 几 何 体

　　通过之前的调整,大地坐标系的原点和方向与所需工具模型的本地原点和方向正好重合,接下来如图4-6 选择"设定本地原点",完成本地原点的设置。

图 4-6　设定本地原点

3）设定工具坐标原点

第三步，我们通过创建工具坐标系框架来设定工具坐标系。

如图 4-7 所示，在工具应用端（见图 4-2 中虚线框位置）创建一个坐标系框架，在之后的操作中将此框架作为工具坐标系框架。

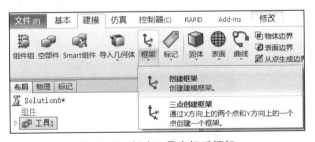

图 4-7　创建工具坐标系框架

利用"捕捉中心"工具捕捉工具模型的末端表面中心点，来设定框架位置，如图 4-8所示。

需要注意的是，由于用户自定义的 3D 模型由不同的 3D 绘图软件绘制而成，并转换成 ∗.sat 文件导入到 RobotStudio 软件中，有时会出现图形特征丢失的情况，导致在 RobotStudio 中做图形处理时某些关键特征无法处理。例如工具 1 的末端平面特征如果丢失，则无法捕捉图 4-8 的中心点。此时可以借助模型中其他部位的特征来定位。如图 4-9

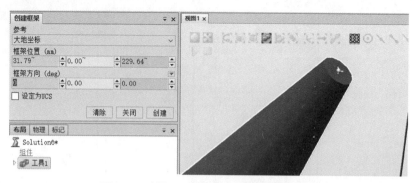

图4-8 捕捉工具模型的末端表面中心点

所示,单击"表面边界",选取蓝色曲面部分来创建边界,选定后工具栏内显示"(Face)-工具1",单击"创建",布局中会出现新的部件。随后在创建框架时可以选择"部件_1"的圆弧曲线的圆心作为坐标系框架的原点。

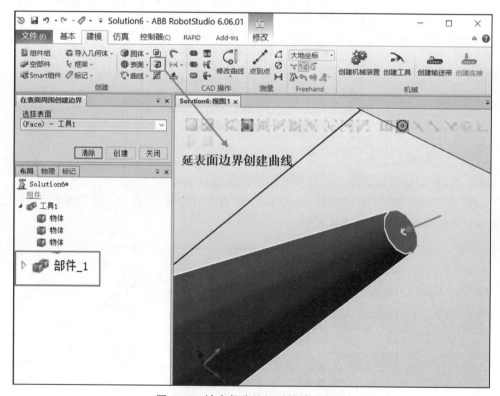

图4-9 缺少部分特征时的辅助方法

生成的框架如图4-10(a)所示,其中蓝色线表示 Z 轴正方向。但在建立模型时,一般期望的坐标系 Z 轴是与工具末端表面垂直的。右键点击"框架",选择"设定为表面的法线方向",如图4-10(b)中所标示,在打开的对话框中选择"Z",单击"应用",如图4-10(c)所示,此时框架坐标系的方向设置完成。如工具模型末端表面丢失,无法捕捉,可选择与末端表面平行的平面来进行设定。

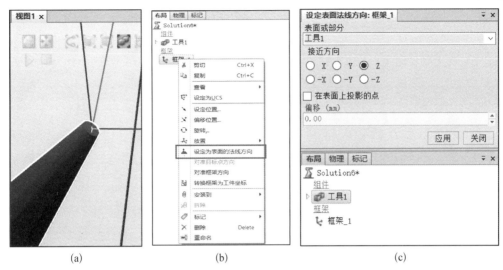

图 4‑10　设定法线方向
(a) 生成框架；(b) 设定方向选项；(c) 设定表面法线方向对话框

在实际应用过程中，工具的坐标系原点会根据不同工具的用途而有所区别，例如焊枪中的焊丝伸出的长度，激光切割枪及涂胶枪需要与加工表面保持一定距离等，在建立工具坐标系框架时，只需将此框架沿着 Z 轴正向移动所需距离。如图 4‑11 所示，将框架在 Z 轴方向上移动 5 mm 即能够满足实际需要。

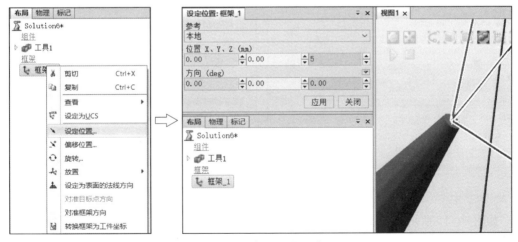

图 4‑11　框架位置设定

工具坐标系框架到此完成设定，如图 4‑12 所示。

4) 创建工具

在图 4‑13 中"建模"菜单栏选择"创建工具"，打开对话框。如图 4‑14 左图所示，填写 Tool 名称，选择已有的部件"工具 1"，填写工具参数，即工具的重量、重心及转动惯量，单击"下一个"进入图 4‑14　创建工具对话框右图的步骤 2。选择上一步中建立的"框架 1"作为数值来源，然后单击向右的箭头"→"，将 TCP 添加到右侧窗口。

图 4-12　工具坐标系框架设定完成

图 4-13　创 建 工 具

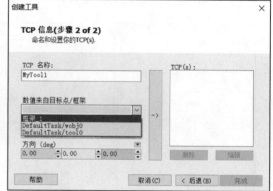

图 4-14　创建工具对话框

　　如图 4-15 所示，RobotStudio 中可在一个工具上创建多个工具坐标系，例如焊枪带抓手一体化结构，可根据实际情况创建焊枪工具 TCP1 和抓手工具 TCP2 坐标系框架，然后在此视图中将所有的 TCP 一次性添加到右侧窗口中。本任务中只有一个 TCP，在添加了的TCP"MyTool1"后，单击"完成"。

　　由此完成了工具的创建。接下来把创建过程中的辅助图形删掉。图 4-16 中，选中辅助的"框架 1"，单击"删除"。如果有为了辅助寻找几何特征而添加的部件，也一并删除。

　　最后，在工作站中添加机器人，将本任务中创建的工具 1 安装到机器人末端，来验证创建的工具是否能满足要求。如图 4-17，更新"MyTool1"的位置，如工具建立成功，更新后的工具位置如图 4-18 所示。

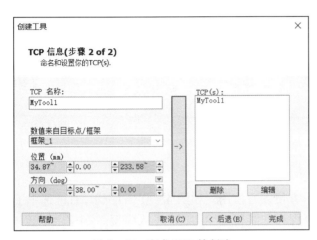

图 4-15 完成 TCP 的创建

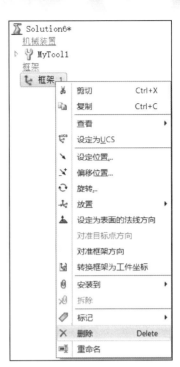

图 4-16 删除辅助图形

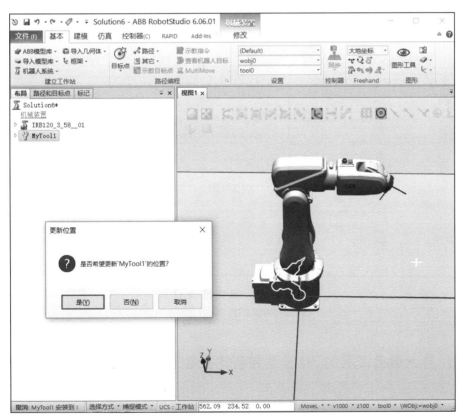

图 4-17 安 装 工 具

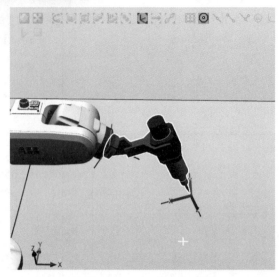

图 4-18　安 装 成 功

创建好的工具可以保存为库文件,方便以后使用。如图 4-19(a)所示,右键选中工具,在菜单中单击"保存为库文件",并选择保存的路径,就可以在"导入模型库"中看到刚创建的工具,如图 4-19(b)所示。

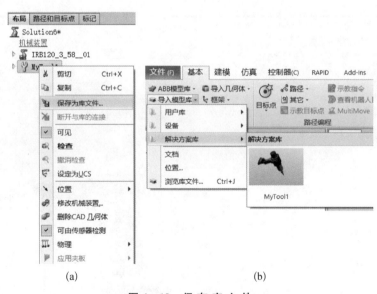

(a)　　　　　　　　　　　　　　　　(b)

图 4-19　保 存 库 文 件

(a) 保存为库文件;(b) 存放在库中

任务二　导入吸盘工具的 3D 模型并创建吸盘工具

1. 任务描述

创建一个吸盘工具,在安装时能自动安装到机器人法兰盘末端,保证坐标方向一致。并且能在工具的末端自动生成工具坐标系,从而避免工具方面的仿真误差。

2. 任务实施

1) 导入 *.sat 文件

在上一个任务的基础上,先拆除"工具1",并删除,再将机器人设为不可见(见图 4-20),以方便第二个工具的创建。

导入"工具 2.sat"几何体模型。因工具 2 与工具 1 的外形有所不同,在设定坐标系时可采用其他方法。

2) 设定本地原点

不同于任务一中通过两点法放置几何体,任务二的吸盘工具采取"设定位置"参数来移动几何体。如图 4-21(a)中选择"设定位置",在图 4-21(b)打开的窗口中设定原点位置及工具方向。

图 4-20　隐藏机器人

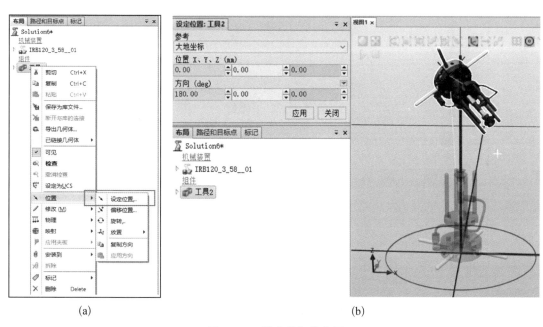

(a) (b)

图 4-21　设定几何体位置

(a) 设定位置;(b) 设定位置参数

3) 创建工具

在建模菜单栏中选择"创建工具"。因工具 2 几何体的具体数值已知,无须添加辅助框架来设定 TCP,如图 4-22 所示,在第一步中选择"工具 2",在第二步中填写 TCP 位置和方向,单击"→"添加 TCP"MyTool2"到右侧,单击"完成"以创建工具 TCP。

同任务一相同,在创建完成后,验证是否成功。将机器人选为"可见"后,安装工具 2 到机器人上,如图 4-23 所示。

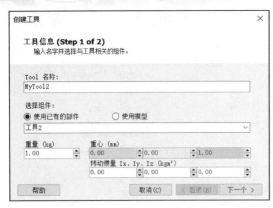

图 4－22　设定 TCP

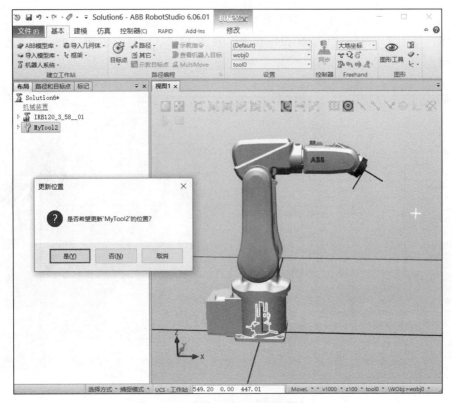

图 4－23　安装 **MyTool2** 到机器人上

 项目总结

　　本项目通过两个任务，讲解了从几何体模型创建工业机器人工具的方法，其实质是设定模型的本地原点和工具框架。本地原点的设定是安装时本地原点与机器人 Tool0 相重合，工具框架作为工具的 TCP。

　　根据几何体模型的特点，在创建工具坐标时可使用一般方法创建工具框架或者根据几何体的特征直接输入框架的位置和方向数据。

 习题

1. 判断题(命题正确请在括号中打√,命题错误请在括号中打×)

(1) 工具安装过程中的原理:工具模型的本地坐标系与机器人法兰盘坐标系 Tool0 重合,工具末端的工具坐标系框架即作为机器人的工具坐标系。　　　　　　　　(　　)

(2) 在 RobotStudio 中的坐标系,蓝色表示 X 轴正方向,绿色表示 Y 轴正方向,红色表示 Z 轴正方向。　　　　　　　　　　　　　　　　　　　　　　　　　　(　　)

2. 选择题(请将正确答案填入题前括号中)

(　　)(1) 用户自定义的工具能够像 RobotStudio 模型库中的工具一样,安装时能够自动安装到机器人_____末端并保证坐标方向一致,并且能够在工具的末端自动生成_____,从而避免工具方面的误差。

A. 法兰盘,工件坐标系　　　　　　　　B. 法兰盘,大地坐标系

C. 法兰盘,本地坐标系　　　　　　　　D. 法兰盘,工具坐标系

(　　)(2) 创建工具坐标系框架的基本方法主要有两种:_____。

A. 创建框架;一点创建框架　　　　　　B. 创建框架;二点创建框架

C. 创建框架;三点创建框架　　　　　　D. 创建框架;四点创建框架

(　　)(3) 为确保工具末端与所加工件的表面保留一段距离,在创建工具坐标框架时,一般要沿_____正方向偏移坐标系。

A. X 轴　　　　　　B. Y 轴　　　　　　C. Z 轴　　　　　　D. 法兰盘表面

3. 导入模型并创建工具

导入几何体"工具 3.sat"及"工具 4.sat",并分别创建工具(见图 4-24)。

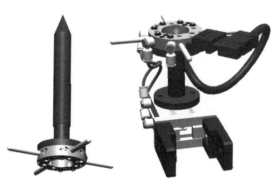

图 4-24　工具 3 及工具 4 几何体模型

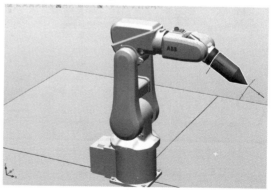

图 4-25　建模并创建工具

4. 绘制模型并创建工具

利用建模菜单中的工具绘制几何体并创建为工具,安装到机器人上,如图 4-25 所示。

项目五
机械装置创建

 项目概述

　　在工作站中,为了更好地展现机械的动画效果,需要对周边的模型制作动画效果,如传送带、夹具、滑台等。

　　本项目中就以创建机器人的夹爪为例,介绍了线性移动的机械装置、关节旋转运动的机械装置的方法。

　　任务一中创建的线性运动夹爪具有 2 个姿态:张开和夹紧,如图 5-1 所示。该夹爪在项目八中用来搬运物料,可看到其动态的仿真效果。

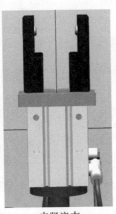
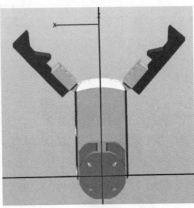
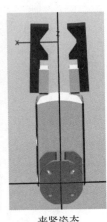

张开姿态　　　　　　夹紧姿态
图 5-1　线性运动的夹爪工具

张开姿态　　　　　　夹紧姿态
图 5-2　关节运动的夹爪工具

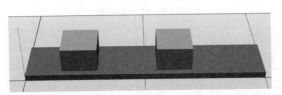

图 5-3　输送带机械装置

　　任务二中创建的关节运动夹爪具有 2 个姿态:张开和夹紧,如图 5-2 所示。

　　任务三中介绍了输送带机械装置的创建方法,在输送带上,传送的物料以一定间距反复地出现,如图 5-3 所示。

任务一　线性运动手爪创建

1. 任务描述

本任务利用提供的"ClawTool.sat"三维数据模型,利用 RobotStudio 中创建工具类型的机械装置来制作具有夹爪线性移动功能的手爪工具。该手爪为气动手爪,在夹紧姿态下,2个夹爪之间的距离为 36 mm,张开姿态下为 47 mm。作为工具,手爪的本地原点设定在法兰盘的中心,TCP 点与本地原点的距离为(0,0,199.5)。

创建完成后的手爪工具如图 5 - 4 所示。

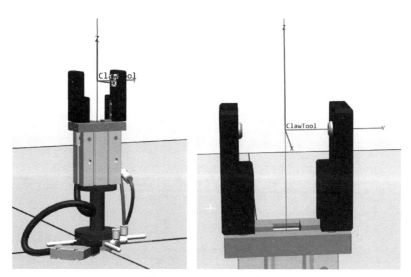

图 5 - 4　手爪工具完成图

2. 任务实施

1) 打开手爪模型

创建一个空工作站,如图 5 - 5 所示。

通过"基本"菜单→"导入几何体"→"浏览几何体",打开"ClawTool.sat"模型,如图 5 - 6 所示。

2) 设置本地原点

原模型的本地坐标原点不在法兰盘中心,将坐标原点修改为法兰盘的中心。

(1) 在法兰盘上通过三点画圆,创建一个圆部件。选中"建模"菜单→"曲线"→"三点画圆 ",打开"以三个点创建圆周对话框",如图 5 - 7(a)所示。用"捕捉边缘 "的方法分别捕捉图 5 - 7(b)圆周上三点,单击"创建"。

创建完成后生成了一个圆,如图 5 - 8 中白色圆周所示。默认名称"部件_1"。

(2) 创建一个框架。框架中心为圆的圆心,框架 Z 方向为垂直于圆指向夹爪方向。单击"建模"→"框架"→"创建框架",打开"创建框架"对话框,如图 5 - 9 所示。

"框架位置"选择"部件_1"圆周的中心点,如图 5 - 10 所示。

单击"创建",生成的框架默认名称为"框架_1",如图 5 - 11 所示。

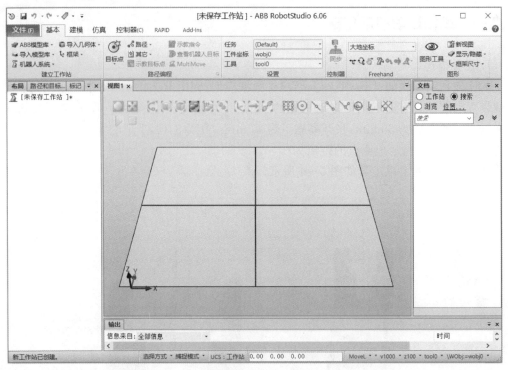

图 5-5　创建空工作站

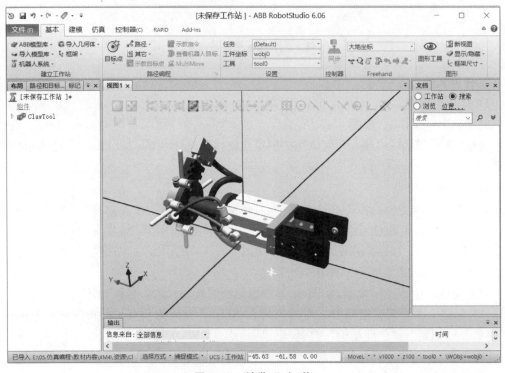

图 5-6　浏览几何体

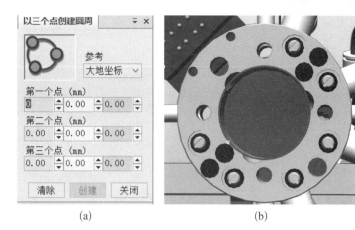

(a)   (b)

图 5-7 创建圆部件

(a) 创建圆周对话框;(b) 捕捉的圆周

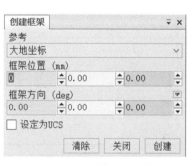

图 5-8 生成的部件_1   图 5-9 创建框架对话框

图 5-10 选择圆心作为框架位置   图 5-11 生成的框架_1

（3）修改框架方向。通过旋转修改框架的方向使 Z 轴方向指向夹爪方向,在"框架_1"
上右击,选择"旋转",如图 5 - 12 所示。

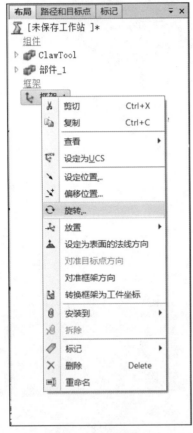

图 5 - 12　旋转框架_1

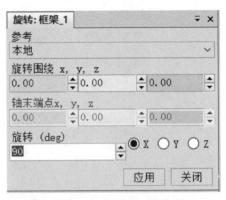

图 5 - 13　框架_1 绕 X 轴旋转 90°

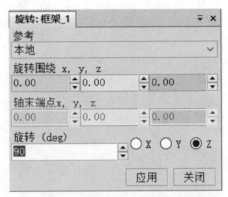

图 5 - 14　框架_1 再绕 Z 轴旋转 90°

将其绕本地 X 轴旋转 90°,如图 5 - 13 所示。

考虑到手爪安装到机器人上的方位,需再绕本地 Z 轴旋转 90°,如图 5 - 14 所示。旋转
完成后的"框架_1"如图 5 - 15 所示。

图 5 - 15　框架_1 新方向

（4）设定本地原点。使用放置 2 个框架的方法将工件放置到工作原点，选中 ClawTool 工件，右击，依次选择"位置"→"放置"→"两个框架"，如图 5 - 16 所示。

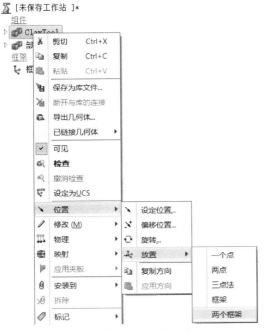

图 5 - 16　放置两个框架方法修改位置

图 5 - 17　通过两个框架进行放置对话框

在图 5 - 17"通过两个框架进行放置"对话框中，设置放置从"框架_1"到"DefaultTask/tool0"，单击"应用"，工件 ClawTool 被放置到原点。

右击"布局"窗口的"ClawTool"，然后选择图 5 - 18 中"修改"→"设定本地原点"，即可将法兰盘圆心设为新的手爪模型的本地原点。

删除"部件_1"和"框架_1"后，放置在原点位置的 ClawTool 如图 5 - 19 所示。

3）分离手爪

夹爪 1 和夹爪 2 实体如图 5 - 20 所示。通过"建模"→"空部件"，创建 2 个空部件，分别重命名为"夹爪 1"和"夹爪 2"，如图 5 - 21 所示。

在"布局"窗口将"ClawTool"展开，如图 5 - 22 所示，可以看到"ClawTool"是由很多"物体"组成，每一个物体都是一个零件。

从部件"ClawTool"中将属于"夹爪 1"和"夹爪 2"的"物体"分别拖动到部件"夹爪 1"和"夹爪 2"中，出现是否需要重新放置对象时，选择"否"，如图 5 - 23 所示。

图 5 - 18　设定本地原点

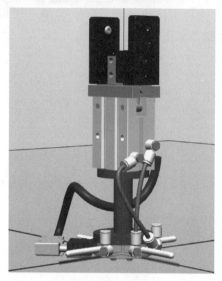

图 5‑19 放置在原点位置的 ClawTool

图 5‑20 夹爪 1 和夹爪 2

图 5‑22 组成手爪的物体

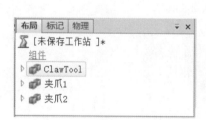

图 5‑21 新建 2 个部件

图 5‑23 是否重新放置对象

图 5‑24 创建机械装置控件

4）创建机械装置

在"建模"菜单下找到如图 5‑24 所示的"创建机械装置"控件，并单击。

在"创建机械装置"对话框中，将名称命名为 ClawTool，类型设置为工具，如图 5‑25 所示。

图 5‑25　创建机械装置对话框

图 5‑26　设置链接 L1

（1）创建链接。双击"链接"，在图 5‑26 所示"创建链接"对话框，"链接名称"默认为L1，"所选组件"选择 ClawTool，勾选"设置为 BaseLink"，单击" ▶ "，将 ClawTool 添加到"已添加的主页"，单击"应用"后设置完成。

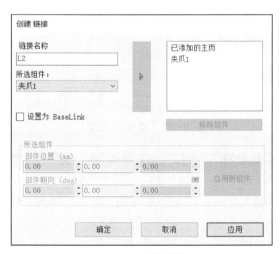

图 5‑27　设置链接 L2

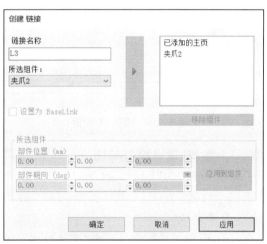

图 5‑28　设置链接 L3

　　再次创建链接 L2，如图 5‑27 所示。"链接名称"为 L2 的链接，"所选组件"为"夹爪 1"，单击" ▶ "，将夹爪 1 添加到"已添加的主页"，单击"应用"后设置完成。

　　同样方法创建链接 L3，如图 5‑28 所示，名称为"L3"，"所选组件"为"夹爪 2"，单击" ▶ "，将夹爪 2 添加到"已添加的主页"，单击"确定"后设置完成。

　　创建完成后，链接关系如图 5‑29 所示。

　　（2）设置接点。双击"接点"，设置 2 个往复类型的接点：L1 与

图 5‑29　链接关系

L2、L1 与 L3。

L1 与 L2 接点设置如图 5-30 所示,"关节名称"为"J1","关节类型"选择"往复的","父链接"为"L1(BaseLink)","子链接"为"L2",关节轴"第一个位置"为(0,0,0),"第二个位置"为(0,1,0),关节限值"最小限值"为 0,"最大限值"为 5.5。单击"确定",设置完成。

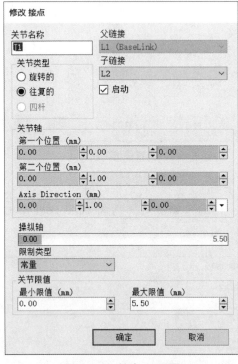

图 5-30 接点 J1 设置

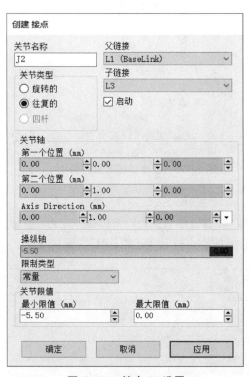

图 5-31 接点 J2 设置

L1 与 L3 接点设置如图 5-31 所示,"关节名称"为"J2","关节类型"选择"往复的","父链接"为"L1(BaseLink)","子链接"为"L3",关节轴"第一个位置"为(0,0,0),"第二个位置"为(0,1,0),关节限值"最小限值"为-5.5,"最大限值"为 0。单击"确定",设置完成。

(3) 设置工具数据。双击"工具数据",设置机械装置的工具数据,如图 5-32 所示。设置"工具数据名称"为"ClawTool","属于链接"为"L1(BaseLink)","位置"为(0,0,199.5),方向为(0,0,0),"重量"为"1.00","重心"为(0,0,100),"转动惯量"为(0,0,0)。

(4) 创建机械装置的姿态。单击图 5-25 中"编译机械装置",打开对话框如图 5-33 所示,单击"添加",添加"张开"和"夹紧"两个姿态,分别如图 5-34 和图 5-35 所示。

设置不同姿态的转换时间,单击"设置转换时间",在"设置转换时间"对话框中将夹爪张开、夹爪夹紧两个姿态的转换时间都设置为 3 s,如图 5-36 所示。设定完成,单击"确定"。

至此,手爪机械装置创建完成,如图 5-37 所示。在图 5-38 所示的"布局"窗口也出现了手爪工具的图标,最后关闭"机械装置创建"窗口。

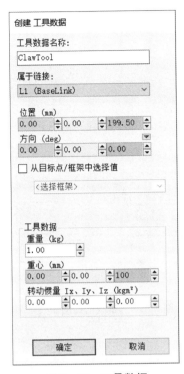

图 5-32　工具数据

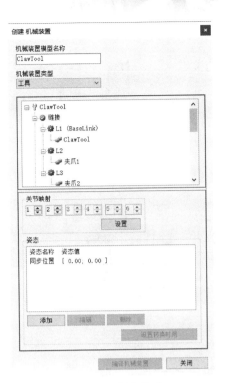

图 5-33　添加姿态

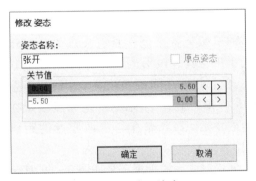

图 5-34　张开姿态

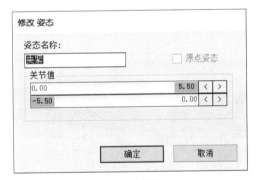

图 5-35　夹紧姿态

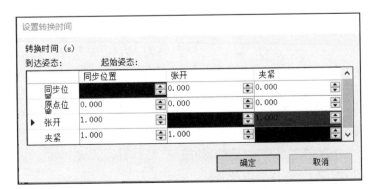

图 5-36　姿态转换时间设置

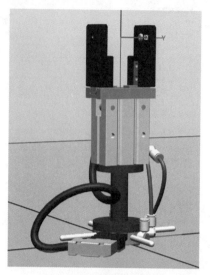

图 5-37　手爪机械装置

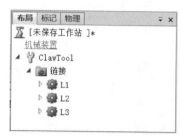

图 5-38　布局窗口的工具

任务二　关节运动手爪创建

1. 任务描述

本任务利用提供的"JointClawTool.sat"三维数据模型,利用 RobotStudio 中创建工具

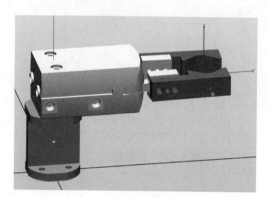

图 5-39　关节运动手爪

类型的机械装置来制作具有夹爪关节旋转功能的手爪工具。该手爪为气动手爪,在夹紧姿态下,2 个夹爪之间的角度为 0°,张开姿态下为 90°。作为工具,手爪的本地原点设定在法兰盘的中心,TCP 点在与本地原点的距离为(0,153,90)。

创建完成后的手爪工具如图 5-39 所示。

2. 任务实施

1) 打开手爪模型

创建一个空工作站,如图 5-40 所示。

通过"基本"菜单→"导入几何体"→"浏览几何体",打开"JointClawTool.sat"模型,如图 5-41 所示。

2) 设置本地原点

原模型的本地坐标原点不在法兰盘中心,将坐标原点修改为法兰盘的中心。

(1) 在法兰盘上通过三点画圆,创建一个圆部件。选中"建模"菜单→"曲线"→"三点画圆 ",打开"以三个点创建圆周"对话框,如图 5-42(a)所示。用"捕捉边缘 "的方法分别捕捉图 5-42(b)圆周上三点,单击"创建"。

创建完成后生成了一个圆,如图 5-43 中白色圆周所示。默认名称"部件_1"。

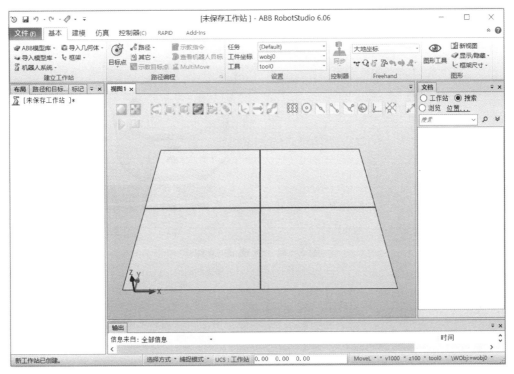

图 5-40 创建空工作站

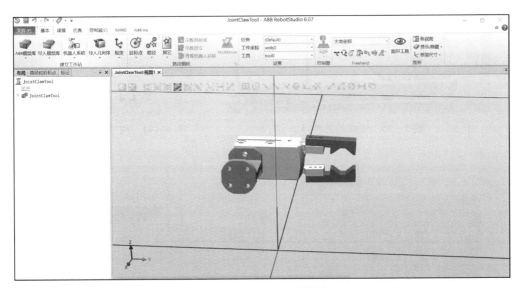

图 5-41 打开手爪模型

（2）创建一个框架。框架中心为圆的圆心，框架的 Z 方向为垂直于圆指向夹爪方向。
单击"建模"→"框架"→"创建框架"，打开"创建框架"对话框，如图 5-44 所示。

"框架位置"选择"部件_1"圆周的中心点，如图 5-45 所示。

单击"创建"，生成的框架默认名称为"框架_1"，如图 5-46 所示。

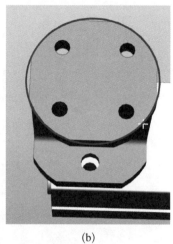

(a)　　　　　　　　　　　　　　　　(b)

图 5－42　创 建 圆 部 件

(a) 创建圆周对话框；(b) 捕捉的圆周

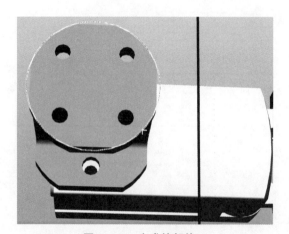

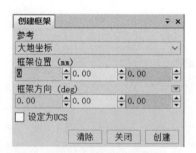

图 5－43　生成的部件_1　　　　　　　　**图 5－44　创建框架对话框**

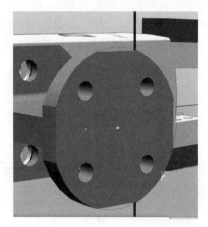

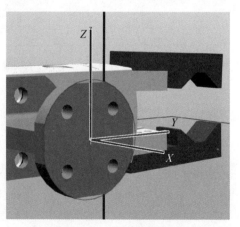

图 5－45　选择圆心作为框架位置　　　　**图 5－46　生成的框架_1**

（3）修改框架方向。通过旋转修改框架的方向使 Z 轴方向指向固定法兰盘块的内部方向，在"框架_1"上右击，选择旋转，如图 5 - 47 所示。

图 5 - 47　旋转框架_1

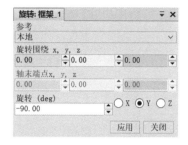

图 5 - 48　框架_1 绕 Y 轴旋转－90°

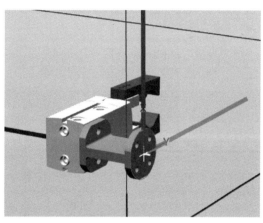

图 5 - 49　框架_1 新方向

考虑到手爪安装到机器人上的方位，需再绕本地 Y 轴旋转－90°，如图 5 - 48 所示。旋转完成后的"框架_1"如图 5 - 49 所示。

（4）设定本地原点。使用放置 2 个框架的方法将工件放置到工作原点，选中 JointClawTool 工件，右击，依次选择"位置"→"放置"→"两个框架"，如图 5 - 50 所示。

在图 5 - 51"通过两个框架进行放置"对话框中，设置放置从"框架_1"到"DefaultTask/tool0"，单击"应用"，工件 JointClawTool 被放置到原点。

右击"布局"窗口的"JointClawTool"，然后选择图 5 - 52 中"修改"→"设定本地原点"，即可将法兰盘圆心设为新的手爪模型的本地原点。

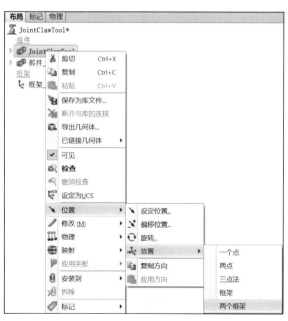

图 5 - 50　放置两个框架方法修改位置

图 5－51　通过两个框架进行放置对话框

图 5－52　设定本地原点

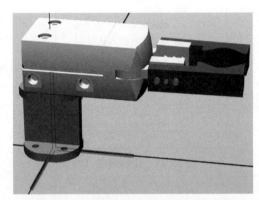

图 5－53　放置在原点位置的 JointClawTool

删除"部件_1"和"框架_1"后，放置在原点位置的 JointClawTool 如图 5－53 所示。

3）分离手爪

夹爪 1 和夹爪 2 实体如图 5－54 所示。通过"建模"→"空部件"，创建 2 个空部件，分别重命名为"夹爪 1"和"夹爪 2"，如图 5－55 所示。

图 5－54　夹爪 1 和夹爪 2

图 5－55　新建 2 个部件

在"布局"窗口将"JointClawTool"展开,如图 5-56 所示,可以看到"JointClawTool"是由很多"物体"组成,每一个物体都是一个零件。

从部件"JointClawTool"中将属于"夹爪 1"和"夹爪 2"的"物体"分别拖动到部件"夹爪1"和"夹爪 2"中,出现是否需要重新放置对象时,选择"否",如图 5-57 所示。

图 5-57 是否重新放置对象

图 5-56 组成手爪的物体

图 5-58 创建机械装置控件

4)创建机械装置

在"建模"菜单下找到如图 5-58 所示的"创建机械装置"控件,并单击。

在"创建机械装置"对话框中,将机械装置模型名称命名为"JointClawtool",类型设置为工具,如图 5-59 所示。

图 5-59 创建机械装置对话框

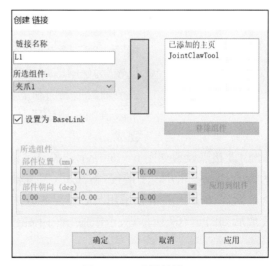

图 5-60 设置链接 L1

(1)创建链接。双击"链接",在图 5-60 所示"创建链接"对话框中,"链接名称"默认为L1,"所选组件"选择 JointClawTool,勾选"设置为 BaseLink",单击" ▶ ",将 JointClawTool添加到"已添加的主页",单击"应用"后设置完成。

再次创建链接 L2,如图 5-61 所示。"链接名称"为 L2 的链接,"所选组件"为"夹爪 1",

单击"▶",将夹爪1添加到"已添加的主页",单击"应用"后设置完成。

同样方法创建链接 L3,如图 5-62 所示,"链接名称"为 L3,"所选组件"为"夹爪 2",单击"▶",将夹爪 2 添加到已添加的主页,单击"确定"后设置完成。

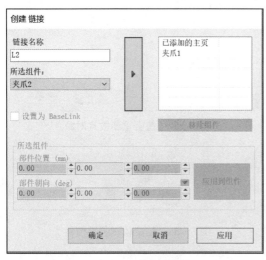

图 5-61　设置链接 L2

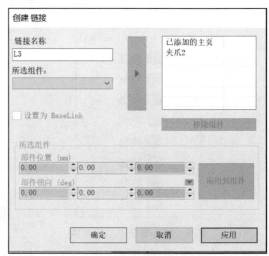

图 5-62　设置链接 L3

创建完成后,链接关系如图 5-63 所示。

图 5-63　链接关系

(2) 设置接点。双击"接点",设置 2 个往复类型的接点: L1 与 L2、L1 与 L3。

L1 与 L2 接点设置如图 5-64 所示,"关节名称"为"J1","关节类型"选择"旋转的","父链接"为"L1(BaseLink)","子链接"为"L2",关节轴"第一个位置"为(-15,75,94.5),"第二个位置"为(-15,75,86.5),关节轴采用圆心捕捉的方法 ⊙,单击关节轴的上表面和下表面选择圆心,完成后如图 5-65 所示;关节限值"最小限值"为-90,"最大限值"为 0。单击"应用",设置完成。

L1 与 L3 接点设置如图 5-66 所示,"关节名称"为"J2","关节类型"选择"旋转的","父链接"为"L1(BaseLink)","子链接"为"L3",关节轴"第一个位置"为(15,75,94.5),"第二个位置"为(15,75,86.5),关节轴采用圆心捕捉的方法 ⊙,单击关节轴的上表面和下表面选择圆心,完成后如图 5-67 所示;关节限值"最小限值"为 0,"最大限值"为 90。单击"确定",设置完成。

(3) 设置工具数据。双击"工具数据",设置机械装置的工具数据,如图 5-68 所示。设置"工具数据名称"为"JointClawtool","属于链接"为"L1(BaseLink)","位置"为(0,153,90),方向为(0,0,0),"重量"为"1.00","重心"为(0,0,100),"转动惯量"为(0,0,0)。

(4) 创建机械装置的姿态。单击图 5-59 中"编译机械装置",打开对话框如图 5-69 所示,单击"添加",添加"张开"和"夹紧"两个姿态,分别如图 5-70 和图 5-71 所示。

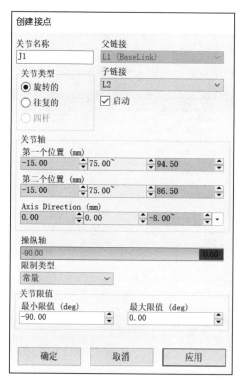

图 5 - 64 接点 J1 设置

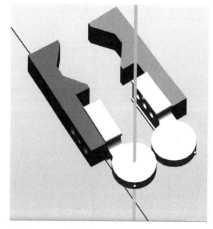

图 5 - 65 接点 J1 关节轴位置的设置

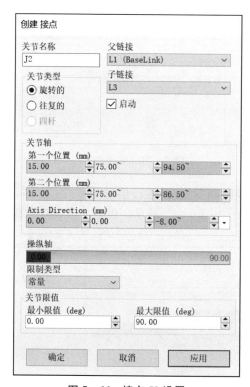

图 5 - 66 接点 J2 设置

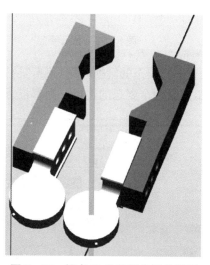

图 5 - 67 接点 J2 关节轴位置的设置

图 5-68　工具数据

图 5-69　添加姿态

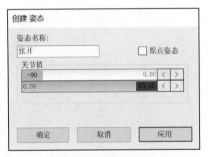

图 5-70　张开姿态

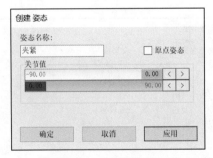

图 5-71　夹紧姿态

设置不同姿态的转换时间,单击"设置转换时间",在"设置转换时间"对话框中将夹爪张开、夹爪夹紧两个姿态的转换时间都设置为 3 s,如图 5-72 所示。设定完成,单击"确定"。

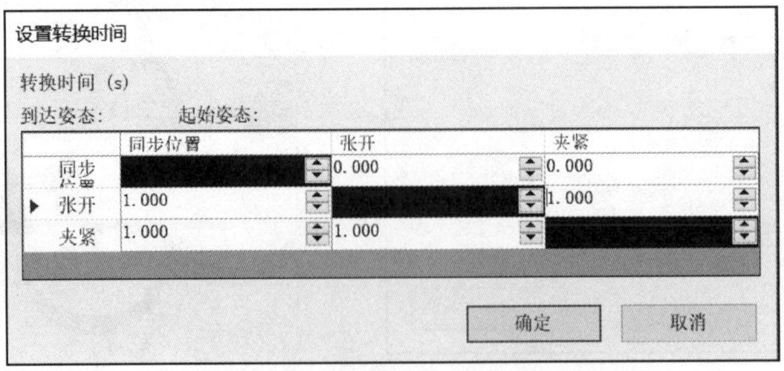

图 5-72　姿态转换时间设置

至此,手爪机械装置创建完成,如图 5-73 所示。在图 5-74 所示的"布局"窗口也出现了手爪工具的图标,最后关闭"机械装置创建"窗口。

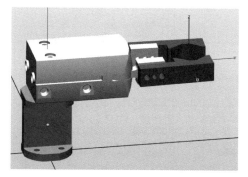

图 5-73　手爪机械装置

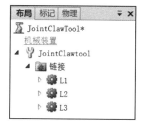

图 5-74　布局窗口的工具

任务三　输送带机械装置创建

1. 任务描述

本任务利用 RobotStudio 中建模功能创建输送带及物料模型,并通过"创建输送带"控件来创建输送带机械装置,实现物料在输送带上按照一定间距进行传送,完成创建后可进行仿真。

2. 任务实施

1) 创建输送链模型

创建 2 个立方体模型:一个为输送带,尺寸为 2 000 mm×400 mm×50 mm,一个为输送的物料,尺寸为 300 mm×300 mm×200 mm。

(1) 创建一个空工作站。在 RobotStudio 软件中创建一个空工作站,如图 5-75 所示。

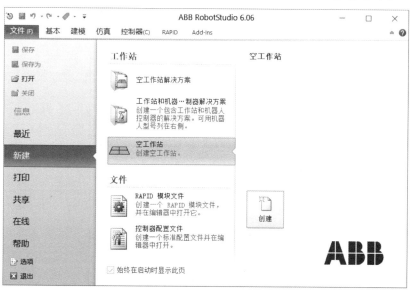

图 5-75　创建空工作站

（2）创建输送带模型。单击"建模"菜单→"固体"→"矩形体"，如图5-76所示。

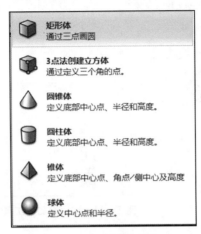

图5-76 创建矩形体

图5-77 设置输送带模型

创建一个2 000 mm×400 mm×50 mm的矩形作为输送带，在图5-77中设置输送带的长、宽、高，起点设置在坐标原点。

该模型默认名称"部件1"出现在"布局"窗口，右击"部件1"，然后单击"修改"→"设定颜色"，如图5-78所示，修改输送带颜色。

图5-78 修 改 颜 色

右击"部件1",单击"重命名",将模型名称修改为"输送带"。修改完成后,输送带模型如图 5-79 所示。

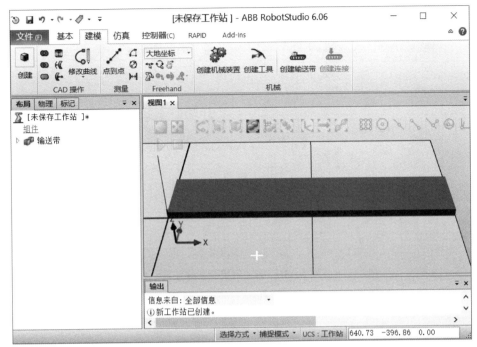

图 5-79 输送带模型

（3）创建物料模型。使用创建"输送带"模型的方法,创建一个 300 mm×300 mm×200 mm 的矩形作为物料,并将其起点设定在(0,50,50)的位置,如图 5-80 所示。

修改模型颜色,重命名模型名称为"物料"。创建完成后,输送带模型如图 5-81 所示。

2）创建输送带

单击"建模"菜单中的"创建输送带 ",弹出如图 5-82 所示对话框,在创建输送带对话框中进行设置,将"传送带几何结构"选为"输送带",类型为"线性","传送带长度"为 1800 mm,勾选"正在重复"。

图 5-80 创建物料

设置完成后,单击"创建",并关闭对话框。可以看到在图 5-83 所示的"布局"窗口中,输送带图形变化为输送链机械装置。

3）添加输送对象

右击"布局"窗口中"输送链",单击"添加对象",如图 5-84 所示。

在图 5-85 所示的"传送带对象"窗口,为输送链添加对象,将图中"部件"选为"物料",节距设为 800 mm,即两个物料之间间距 800 mm,单击"创建"。

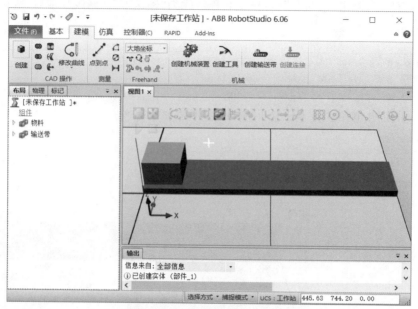

图 5-81　输送带模型创建完成

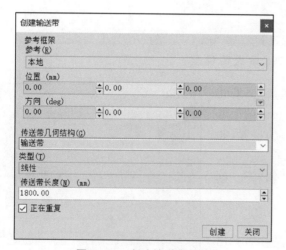

图 5-82　创建输送带设置

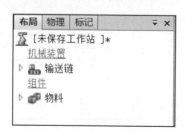

图 5-83　输送带机械装置

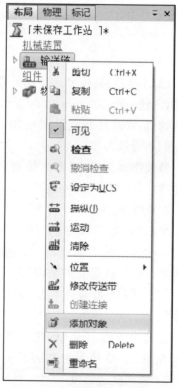

图 5-84　为输送带添加对象

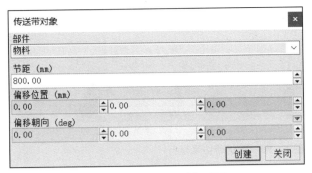

图 5 - 85　传送带对象设置

图 5 - 86　输送链结构

创建完成后,输送带机械装置结构如图 5 - 86 所示,"输送链"下有"连接"和"对象源"。

4)输送带仿真

(1)设置输送带速度。右击"布局"窗口的"输送链",然后单击"运动",如图 5 - 87 所示。

图 5 - 87　单击运动

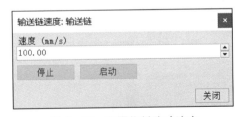

图 5 - 88　设置物料移动速度

在弹出的"输送链速度:输送链"窗口,如图 5 - 88 所示,设置物料移动速度,默认为 100 mm/s。

(2)仿真运行。单击"仿真"菜单中的"播放"按钮,如图 5 - 89 所示。

图 5 - 89　单击"播放"按钮

观察输送带的运动,工件会间隔 800 mm 在输送带上直线运动,如图 5－90 所示。

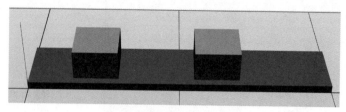

图 5－90　输送带仿真运行

（3）手动操纵输送链。可以手动将物料放置在输送带上,并控制其运动。在图 5－91 所示"布局"窗口,右击"物料",选中"放在传送带上",物料即被放在输送带上,如图 5－92 所示。

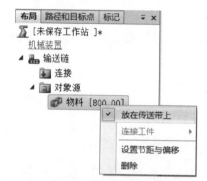

图 5－91　设置物料放在传送带上

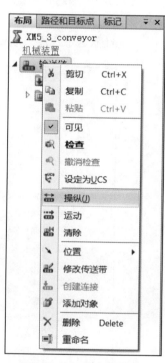

图 5－93　单击"操纵"

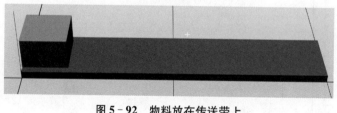

图 5－92　物料放在传送带上

右击"布局"窗口的"输送链",然后单击"操纵",如图 5－93 所示。

在弹出的"输送机手动控制:输送链"窗口中,如图 5－94 所示,可以通过拖动游标来移

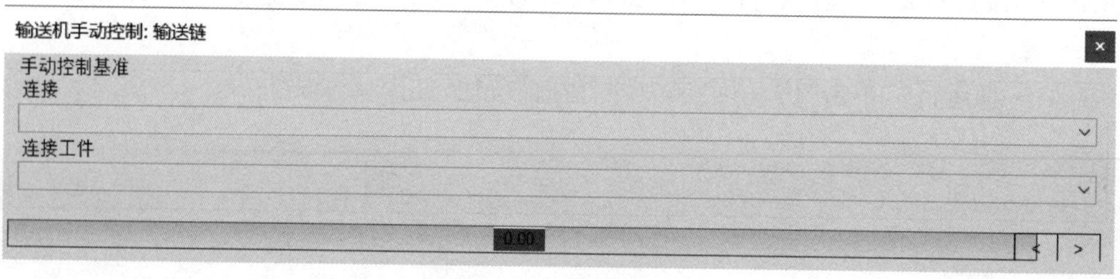

图 5－94　移　动　物　料

动物料。

注：该任务可参看资源中的 XM5_3_conveyor.rstn 文件。

项目总结

本项目主要讲解了机械装置的创建方法、机械装置运动特性的设置方法。设置了 3 个具有代表性的案例，分别介绍了线性移动的机械装置、关节旋转运动的机械装置以及输送带机械装置的创建方法。

习 题

1. 填空题（请将正确答案填在题中的横线上）

（1）创建机械装置时，可以根据需要创建多个链接，但必须有一个链接设置为＿＿＿＿＿＿＿＿链接。

（2）RobotStudio 6.0x 中机械装置的关节类型主要有＿＿＿＿＿＿＿＿和＿＿＿＿＿＿＿＿类型。

（3）在 RobotStudio 6.0x 中创建机械装置时的关节限制类型主要有＿＿＿＿＿＿＿＿和＿＿＿＿＿＿等类型。

（4）在 RobotStudio 6.01 中创建机械装置的姿态时，根据工作站需要可以将所创建的其中一个姿态设置为＿＿＿＿＿＿＿＿＿姿态。

2. 单项选择题（请将正确答案的字母填入括号中）

（1）在创建机械装置的过程中设置机械装置的链接参数时，必须选择一个链接设置为（   ），否则无法创建机械装置的链接。

A. Fartherlink   B. Poplin

C. BaseLink   D. Tdlink

（2）RobotStudio 中创建的机械装置要设置其运动姿态，（   ）位置可以设置为原点位置。

A. 全部   B. 中心   C. 原点   D. 同步

（3）在 RobotStudio 创建机械装置过程中设置机械装置的接点参数时，接点的类型有（   ）两种。

A. 局部链接、网格链接   B. 父链接、子链接

C. 基础链接、活动链接   D. 父链接、基础链接

（4）在创建机械装置过程中设置机械装置的链接参数时，必须至少为其创建（   ）个链接。

A. 一   B. 二   C. 三   D. 四

（5）在创建机械装置过程中设置机械装置的接点参数时，接点限制类型有（   ）两种模式。

A. 常量、变量   B. 可变量、常量

C. 可变量、变量   D. 恒值、变量

3. 操作题

根据所给的模型，模型名称为"ClawTool2.sat"，制作图 5 - 95 所示具有移动功能的夹爪。

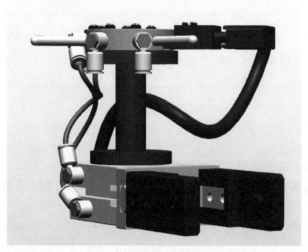

图 5 - 95   ClawTool2 手爪

项目六
激光切割机器人离线仿真编程

 项目概述

工业机器人在涂胶、切割、滚边作业时,常常需要实现长距离的不规则曲线轨迹运动。使用示教目标点,并结合 MoveL、MoveJ、MoveC 三大运动指令编写程序可实现此功能,但是存在费时、费力、精确度低等弊端。RobotStudio 软件中的机器人"自动路径"功能可解决此类问题。它可以使机器人高效地实现长距离不规则曲线轨迹运动。

本项目以汽车白车身前车窗激光切割为例,使用"自动路径"功能,创建激光切割路径,并通过调整机器人目标点的工具姿态和配置机器人的轴参数,实现激光切割工作站仿真离线编程。

本项目工作站已经建好,可打开"XM6_path.rspag"文件。汽车白车身前车窗如图 6-1 所示,机器人需要沿着边缘进行切割。利用现有 3D 模型中的曲线,直接生成机器人运动轨迹,进而完成整个激光切割轨迹调试与模拟仿真运行。

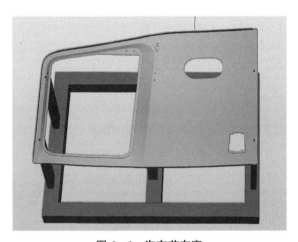

图 6-1 汽车前车窗

任务一 创建车窗工件坐标系

1. 任务描述

在离线仿真工作站中,利用模型的三维数据,选取模型中的三点作为创建工件坐标系的数据,创建完成后可通过同步的方法将其同步到控制器中。本项目中通过捕捉车窗的 3 个定位销,采用三点法创建车窗工件坐标系。

2. 任务实施

为方便后续修改机器人路径和编写离线程序,在创建机器人自动路径前,通常需要先创

建车窗工件坐标系。可以依据车门 3D 模型中的定位销孔为基准来创建工件坐标系，位置如图 6-2 所示。

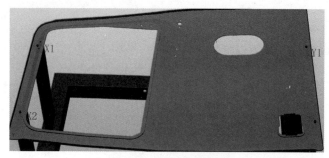

图 6-2　定位销孔位置

创建工件坐标系的步骤如下：

（1）在"基本"菜单中单击"其它"下拉按钮，选择"创建工件坐标"，如图 6-3 所示。

图 6-3　创建工件坐标

（2）在"创建工件坐标"对话框中，将工件坐标系名称修改为"Wobj1"，并单击"用户坐标框架"中的"取点创建框架"，如图 6-4 所示。

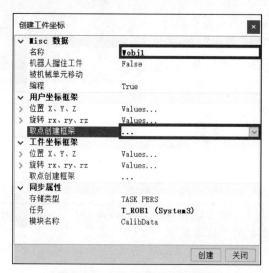

图 6-4　更改工件坐标系名称

（3）在弹出的图 6-5 所示对话框中，选择"三点"，打开"捕捉对象"功能后，依次捕捉 X 轴上的第一个点 X1，X 轴上的第二个点 X2，Y 轴上的点 Y1，完成后单击"Accept"，如图 6-5 所示。

提示：使用鼠标中间滚轮将车门 3D 模型放大后捕捉定位销顶点。

（4）在图 6-4 所示的"创建工件坐标"对话框中单击"创建"，完成工件坐标系创建。

图 6-5　捕捉"三点"

（5）创建完成后，在"路径和目标点"窗口可以看到"Wobj1"，如图 6-6 所示。在车窗模型上也显示了该工件坐标系，如图 6-7 所示。

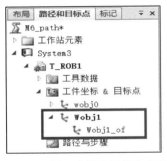

图 6-6　展开路径和目标点窗口

图 6-7　新创建的工件坐标系

任务二　创建机器人自动路径

1. 任务描述

本任务中，通过选择需切割的车窗边缘曲线自动生成一条机器人离线轨迹路径 Path_10，路径中相关运动指令参数可在指令模板中设置。

2. 任务实施

创建车窗工件坐标系后，使用"自动路径"功能创建车窗激光切割曲线轨迹，步骤如下。

（1）按图 6-8 所示，设置工具坐标为"MyTool"、工件坐标为"Wobj1"，修改指令模板参数为"MoveL　v200　z5　MyTool　Wobj1"。

（2）在"基本"菜单中，单击"路径"，选择"自动路径"，如图 6-9 所示。

（3）在车门模型中，依次选择需要进行激光切割的车窗轮廓曲边，如图 6-10 所示。

（4）选择捕捉工具"表面"，单击"参照面"框后选择车窗表面，如图 6-11 所示。

在"自动路径"选项框中，反转：轨迹运行方向为逆时针方向，默认为顺时针方向；参照面：生成的目标点 Z 轴方向与选定表面处于垂直状态。近似值参数说明如表 6-1 所示。

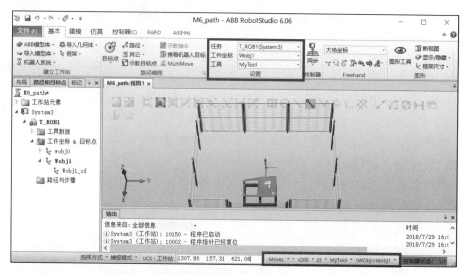

图 6-8　设置工件、工具坐标系和指令模板

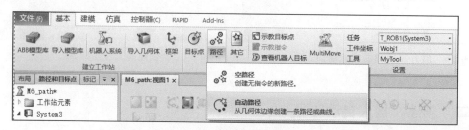

图 6-9　创建"自动路径"

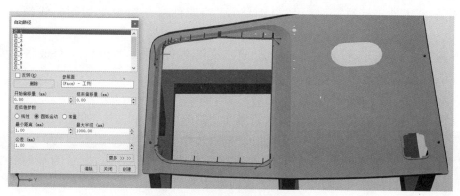

图 6-10　选择车窗激光切割边

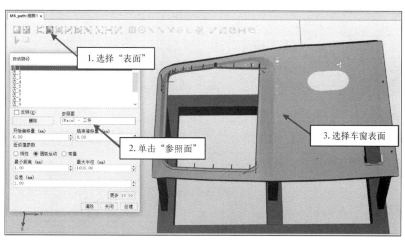

图 6‑11 选择车窗表面

表 6‑1 近似参数说明

选 项	用 途 说 明
线性	为每个目标生成线性指令,圆弧作为分段线处理
圆弧运动	圆弧特征处生成圆弧指令,线性特征处生成线性指令
常量	生成具有恒定间隔距离的点

属 性 值	用 途 说 明
最小距离/mm	设置两生成点之间的最小距离,即小于该最小距离的点将被过滤掉
最大半径/mm	在将圆弧视为直线前确定圆的半径大小,直线视为半径无限大的圆
弦差/mm	设置生成点所允许的几何描述的最大偏差

　　根据不同的项目合理选择近似参数类型。除直线路径常选择"线性"外,不规则路径通常选择"圆弧运动",这样线性部分使用 MoveL 指令,圆弧部分使用 MoveC 指令,能使模拟仿真效果最大限度接近实际。本项目按图 6‑12 所示设置机器人自动路径参数。读者可自行尝试选择不同的参数值,观察生成路径的差异,增进对参量内涵的理解。

　　(5)设置完自动路径参数后,单击"创建",软件自动生成机器人路径 Path_10,如图 6‑13 所示。

　　(6)在"路径和目标点"选项卡下,依次展开对应选项,可查看由"自动路径"功能自动生成的目标点和指令,如图 6‑14 所示。

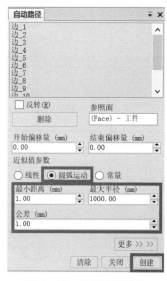

图 6‑12 自动路径参数

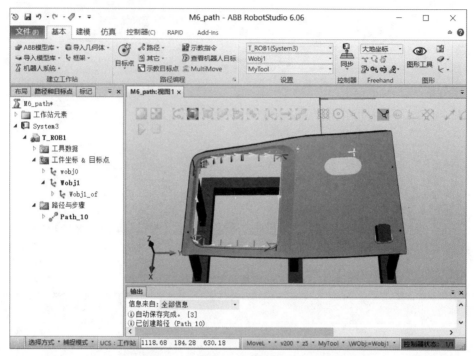

图 6-13 机器人自动路径 Path_10

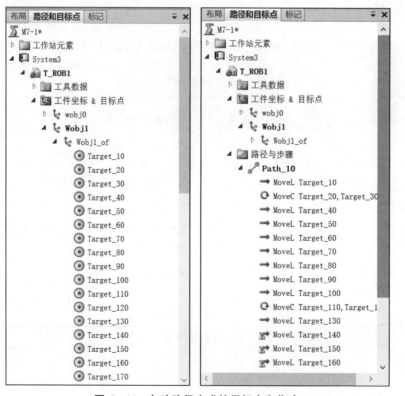

图 6-14 自动路径生成的目标点和指令

任务三 机器人目标点调整及轴配置参数

1. 任务描述

任务二中生成了 Path_10 路径,但是机器人暂时还不能按照此路径进行运动,因为部分目标点的姿态机器人可能难以到达。本任务中,将对机器人目标点工具姿态进行调整,并进行机器人轴参数配置,使机器人能够到达这些目标点。

2. 任务实施

通过任务一、二,我们已经根据车窗边缘曲线自动生成了一条机器人激光切割轨迹 Path_10,但是机器人目前还无法按此轨迹正常运行,因为目标点工具姿态各异,部分目标点机器人难以到达。在本任务中,我们就来学习如何修改目标点工具姿态和配置机器人轴参数,从而让机器人顺利通过每个目标点。

1)机器人目标点工具姿态调整

(1)在"路径和目标点"窗口,选中目标点"Target_10",单击右键,选择"查看目标处工具",选择工具"MyTool",如图 6-15 所示。

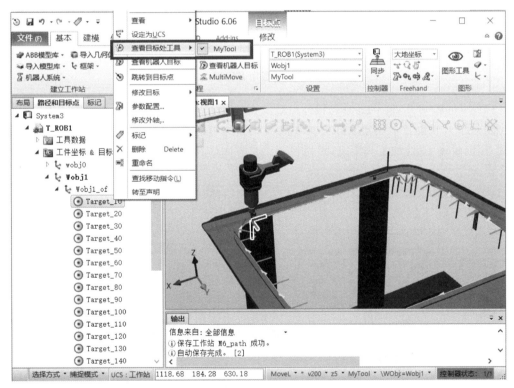

图 6-15 查看目标点"Target_10"处工具

提示:按住"Ctrl"键后再单击目标点,可同时显示多个目标点处的工具。此任务中目标点较多,使用"Shift"键再单击第一个目标点和最后一个目标点,可同时显示所有目标点处的工具,如图 6-16 所示。

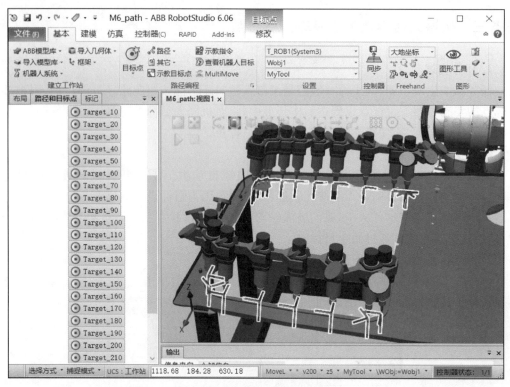

图 6‑16　查看所有目标点工具

由图 6‑16 可知，此轨迹所有目标点处的工具 Z 方向均为工件表面的法线方向，因此只需将工具绕 Z 轴旋转一定角度即可实现机器人到达可能性。鉴于目标点较多，我们先调整目标点 Target_10 处的工具姿态，然后将其工具方向应用于剩余目标点，批量调整目标点工具姿态。

（2）选中目标点"Target_10"，右击选择"修改目标"中的"旋转"，如图 6‑17 所示。

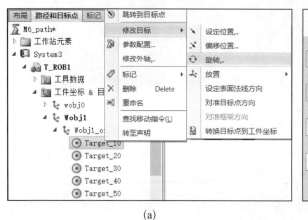

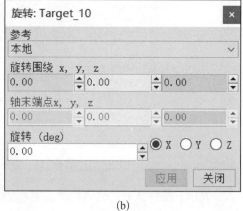

(a)　　　　　　　　　　　　　　(b)

图 6‑17　旋转目标点工具

（a）单击旋转；（b）旋转对话框

（3）在"旋转"对话框中根据需要进行设置，例如可以选择"Z"轴，输入"30"，多次单击"应用"，将目标点"Target_10"处工具姿态调整至合适位置。本例中的"Target_10"正好合适，如图 6-18 所示，因此可以不做旋转操作。

（4）选中目标点"Target_10"，右击选择"复制方向"，如图 6-19 所示。此时，"Target_10"的方向即被复制。

（5）按住"Shift"键后，选中除 Target_10 外的所有目标点，右击选择"应用方向"，如图 6-20 所示。

图 6-18　调整目标点工具姿态至合适位置

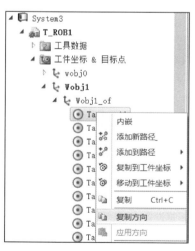

图 6-19　复制目标点工具方向

图 6-20　应用方向

完成后，选中所有目标点，即可查看所有目标点处的工具姿态，如图 6-21 所示。

2）配置机器人轴参数

机器人到达目标点，可能存在多种关节轴组合的情况，即实现目标点处工具的同一个姿态，机器人各轴角度可以有多种不同的组合，所以需要为自动生成的目标点配置轴参数。

图 6 – 21　修改工具方向后的所有目标点工具姿态

（1）在"路径和目标点"窗口，选中目标点"Target_10"，右击选择"参数配置"，弹出"参数配置"对话框，如图 6 – 22 所示。

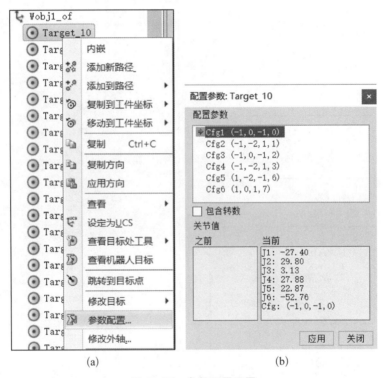

（a）　　　　　　　　　　　　（b）

图 6 – 22　参数配置设置

（a）单击参数配置；（b）配置参数窗口

若机器人能到达此目标点，则在轴配置列表中查看该目标点的轴配置参数，目标点 Target_10 有 6 种轴配置，即机器人用 6 种不同的姿态都可以实现当前目标点工具的姿态。

在本任务中，暂时使用默认的第一种轴配置方式，单击"应用"，此种轴配置下的机器人姿态如图 6 – 23 所示。

（2）本任务中自动生成的目标点较多，一个个单独修改目标点轴参数较为烦琐，可在

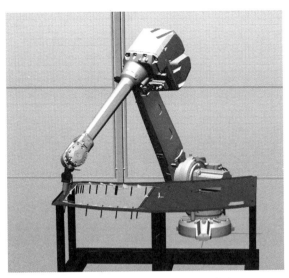

图 6 - 23　Target_10 点机器人姿态

"路径与步骤"属性中，为所有目标点自动配置轴参数。

选中"Path_10"，单击鼠标右键，选择"自动配置"→"所有移动指令"，如图 6 - 24 所示。

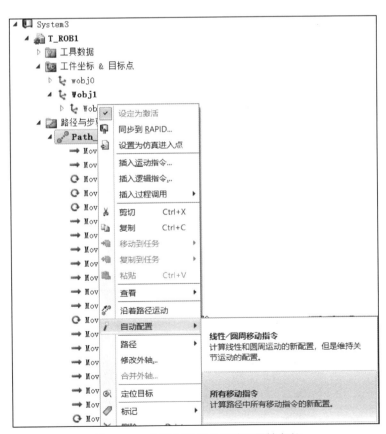

图 6 - 24　为所有目标点自动配置轴参数

选中"Path_10",右击选择"沿着路径运动",观察机器人运动,如图6-25所示。

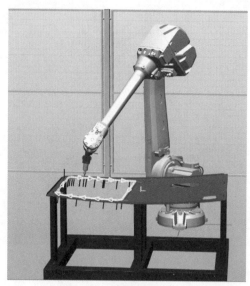

图6-25 查看机器人运动

任务四 完善程序并仿真运行

1. 任务描述

本任务中,将完善机器人的离线轨迹程序,设置轨迹安全位置点、开始接近点、结束离开点,并修改运动指令参数,设置仿真进入程序 main,同步到机器人 RAPID 中,实现机器人的离线仿真。

2. 任务实施

机器人激光切割自动路径生成后需要完善仿真程序,包括设置机器人安全位置点、轨迹开始接近点、轨迹结束离开点,调整机器人空载速度与作业速度,调整机器人转弯半径数据等内容,使激光切割模拟仿真更接近机器人实际工作状态。

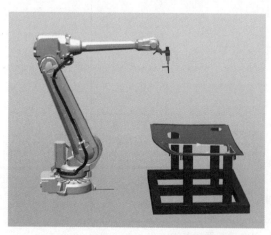

图6-26 安全位置点 pHome 机器人姿态

1）完善仿真程序

（1）示教安全位置点 pHome。

调整机器人姿态至图6-26所示位置,使机器人重心投影落在底座内,将此位置设置为机器人安全位置点 pHome,pHome 点一般在 Wobj0 坐标系中创建。

将工件坐标系选为 wobj0,调整好机器人姿态后,单击"示教目标点",在弹出的对话框中选择"是",如图6-27所示。

在 wobj0 坐标系下生成新的目标点"Target_260",如图6-28所示。

双击目标点"Target_260",将其重命名

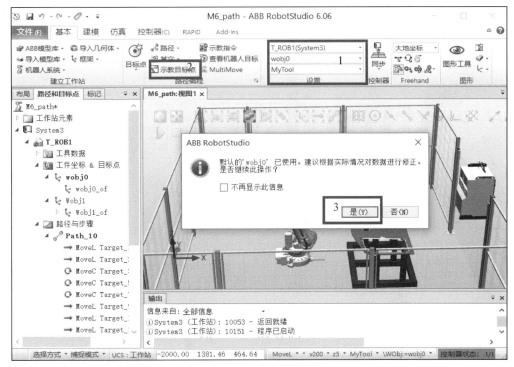

图 6 - 27　示 教 目 标 点

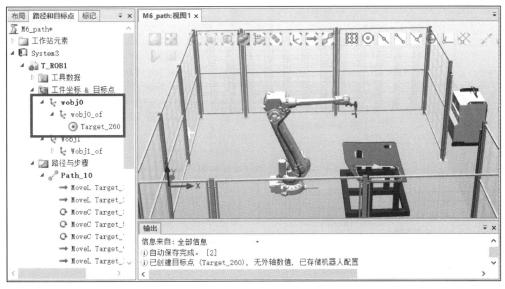

图 6 - 28　生成新的目标点"Target_260"

为"pHome",如图 6 - 29 所示。

　　右击"pHome",单击"添加到路径",选择路径"Path_10"中的"第一"行和"最后"一行,将安全位置点 pHome 添加到程序的最前面和最后面,如图 6 - 30 所示,即机器人运动的起始点和结束点都在"pHome"位置。

图 6 - 29　重命名安全位置点"pHome"

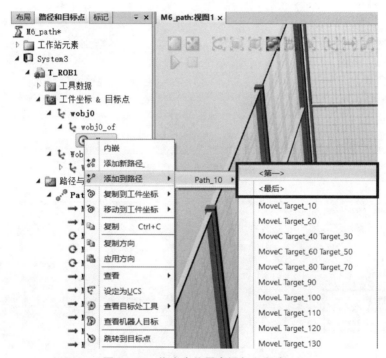

图 6 - 30　将安全位置点添加入程序

图 6 - 31　复制目标点"Target_10"

（2）添加轨迹开始接近点 pApproach。

为使机器人安全有效地进行激光切割工作，一般需在机器人正式开始工作点"Target_10"之前添加一个轨迹开始接近点"pApproach"，其位于偏离"Target_10"Z 轴正上方 200 mm 处。

右击目标点"Target_10"，选择"复制"，如图 6 - 31 所示。

右击工件坐标系"Wobj1"，选择"粘贴"，生成复制点"Target_10_2"，如图 6 - 32 所示。

将目标点"Target_10_2"重命名为"pApproach"。

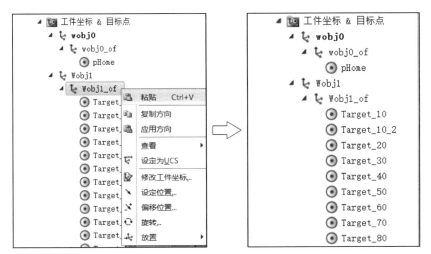

图 6－32　粘贴目标点"Target_10"

图 6－33　修改目标位置

右击"pAppraoch",选择"修改目标"中的"偏移位置",如图 6－33 所示。

　　将"参考"设为"本地",Z 值设为"－200",单击"应用",如图 6－34 所示。

　　将轨迹开始接近点"pAppraoch"添加到位于目标点"pHome"后一行的程序中,如图 6－35 所示。

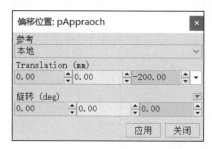

图 6‐34　设置 pAppraoch 偏移位置参数

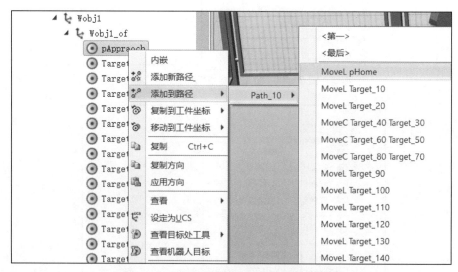

图 6‐35　添加目标点"pAppraoch"至程序

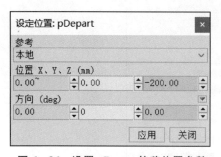

图 6‐36　设置 pDepart 偏移位置参数

（3）添加轨迹结束离开点 pDepart。

添加轨迹结束离开点"pDepart"步骤同添加轨迹开始接近点"pAppraoch"，复制轨迹的最后一个目标点"Target_250"，沿着"－Z"方向偏移 200，如图 6‐36所示。

然后添加至 Path_10 的倒数第二行，如图 6‐37所示。

设置完成后的机器人路径如图 6‐38 中所示。

（4）优化指令参数。根据实际工况，机器人空载速度约为 1 000 mm/s，激光切割速度约为 200 mm/s。在模拟仿真运动前，需更改机器人速度、转弯区数据等运动参数。同时需要将进入轨迹开始接近点和最后回到安全位置点的指令修改为 MoveJ。

在"Path_10"路径中，右击"MoveL pHome"指令，选择"编辑指令"，如图 6‐39 所示。

在"编辑指令"窗口，按图 6‐40 所示修改参数，单击"应用"。

按照上述步骤更改其余机器人运动指令参数，参考程序如下：

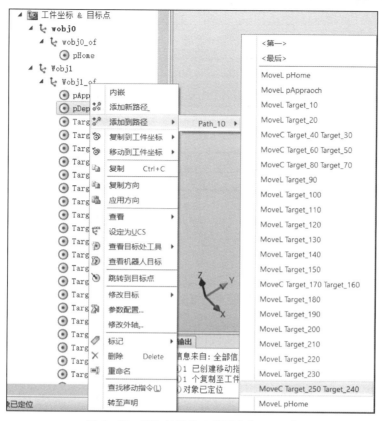

图 6‑37 添加轨迹结束离开点"pDepart"

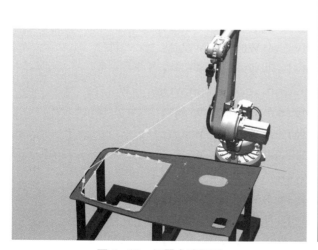

图 6‑38 机器人路径图

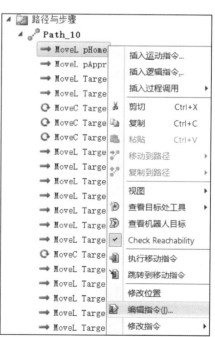

图 6‑39 编辑指令

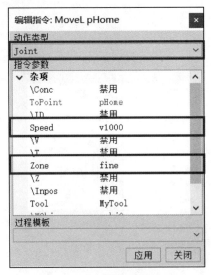

图 6 - 40　指令参数设置

MoveJ pHome,v1000,fine,MyTool\WObj：=wobj0；

MoveL pAppraoch,v1000,z1,MyTool\WObj：=Wobj1；

MoveL Target_10,v200,z1,MyTool\WObj：=Wobj1；

MoveL Target_20,v200,z1,MyTool\WObj：=Wobj1；

MoveC Target_30,Target_40,v200,z1,MyTool\WObj：=Wobj1；

MoveC Target_50,Target_60,v200,z1,MyTool\WObj：=Wobj1；

MoveC Target_70,Target_80,v200,z1,MyTool\WObj：=Wobj1；

MoveL Target_90,v200,z1,MyTool\WObj：=Wobj1；

MoveL Target_100,v200,z1,MyTool\WObj：=Wobj1；

MoveL Target_110,v200,z1,MyTool\WObj：=Wobj1；

MoveL Target_120,v200,z1,MyTool\WObj：=Wobj1；

MoveL Target_130,v200,z1,MyTool\WObj：=Wobj1；

MoveL Target_140,v200,z1,MyTool\WObj：=Wobj1；

MoveL Target_150,v200,z1,MyTool\WObj：=Wobj1；

MoveC Target_160,Target_170,v200,z1,MyTool\WObj：=Wobj1；

MoveL Target_180,v200,z5,MyTool\WObj：=Wobj1；

MoveL Target_190,v200,z1,MyTool\WObj：=Wobj1；

MoveL Target_200,v200,z1,MyTool\WObj：=Wobj1；

MoveL Target_210,v200,z1,MyTool\WObj：=Wobj1；

MoveL Target_220,v200,z1,MyTool\WObj：=Wobj1；

MoveL Target_230,v200,z1,MyTool\WObj：=Wobj1；

MoveC Target_240,Target_250,v200,z1,MyTool\WObj：=Wobj1；

MoveL pDepart,v200,z5,MyTool\WObj：=Wobj1；

MoveJ pHome,v1000,fine,MyTool\WObj：=wobj0；

修改完成后，再次自动配置 Path_10 轴参数。

2）机器人激光切割仿真

要实现机器人激光切割仿真运动，还需为机器人添加主程序"main"。

（1）在"基本"菜单下单击"同步"下拉按钮，然后单击"同步到 RAPID"控件，如图 6 - 41 所示。

图 6‑41　将路径 Path_10 同步到 PAPID

（2）在打开的图 6 - 42"同步到 RAPID"对话框中，选择同步的数据，包括 Wobj1、MyTool、Path_10 及各目标点，模块选择"Module1"，存储类根据情况选择"PERS"或者"CONST"。单击"确定"。

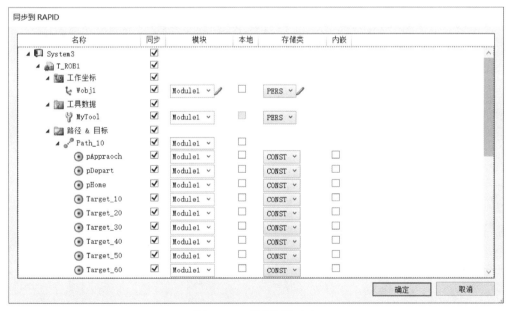

图 6‑42　选择同步内容

（3）在"控制器"菜单中单击"示教器"，将示教器从"自动"状态调整到"手动状态"，然后在"Module1"模块下新建例行程序"main"，并使用"ProcCall"指令，调用子程序"Path_10"，如图 6 - 43 所示。

（4）在"基本"菜单中，选择"同步"，将 RAPID 程序同步到工作站，如图 6 - 44 所示。

图 6‑43 添加主程序"main"

图 6‑44 将 RAPID 程序同步到工作站

在"同步到工作站"对话框中,勾选所有同步参数,单击"确定"完成同步,如图 6‑45 所示。

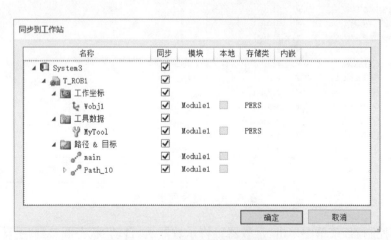

图 6‑45 勾选同步参数完成同步

(5) 同步完成后,在"路径和目标点"窗口出现了路径"main(进入点)",如图 6‑46 所示。

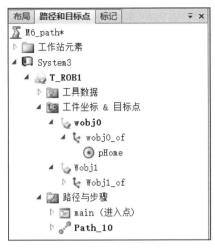

图 6-46 main(进入点)

图 6-47 机器人仿真运动

（6）现在可进行仿真。在"仿真"菜单中，单击"播放"，观察机器人沿着既定轨迹实现激光切割仿真运动，如图 6-47 所示。

（7）在"基本"菜单中，选择"显示/隐藏"，可将机器人仿真路径和目标点/框架隐藏，使画面更清晰，如图 6-48 所示。

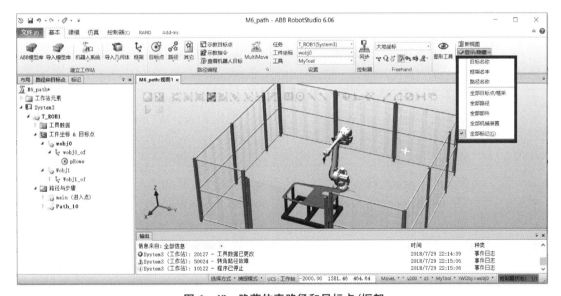

图 6-48 隐藏仿真路径和目标点/框架

项目总结

本项目以汽车白车身前车门激光切割为例，使用自动路径功能，实现了机器人长距离无规则曲线路径的模拟仿真运动。通过四大任务实践，读者应当熟练掌握工件坐标系创建、机器人自动路径生成、目标点工具姿态调整和机器人轴参数配置等知识，并能根据工程实况，合理调整机器人程序指令参数,使模拟尽可能逼近真实,为生成实践提供可靠仿真数据。

读者可在此基础上,继续完成车窗另外 2 个孔的激光切割轨迹离线编程。

 附 录

机器人激光切割仿真参考程序如下。

```
MODULE Module1
    PROC Path_10()
        MoveJ pHome,v1000,fine,MyTool\WObj：=wobj0;
        MoveL pAppraoch,v1000,z1,MyTool\WObj：=Wobj1;
        MoveL Target_10,v200,z1,MyTool\WObj：=Wobj1;
        MoveL Target_20,v200,z1,MyTool\WObj：=Wobj1;
        MoveC Target_30,Target_40,v200,z1,MyTool\WObj：=Wobj1;
        MoveC Target_50,Target_60,v200,z1,MyTool\WObj：=Wobj1;
        MoveC Target_70,Target_80,v200,z1,MyTool\WObj：=Wobj1;
        MoveL Target_90,v200,z1,MyTool\WObj：=Wobj1;
        MoveL Target_100,v200,z1,MyTool\WObj：=Wobj1;
        MoveL Target_110,v200,z1,MyTool\WObj：=Wobj1;
        MoveL Target_120,v200,z1,MyTool\WObj：=Wobj1;
        MoveL Target_130,v200,z1,MyTool\WObj：=Wobj1;
        MoveL Target_140,v200,z1,MyTool\WObj：=Wobj1;
        MoveL Target_150,v200,z1,MyTool\WObj：=Wobj1;
        MoveC Target_160,Target_170,v200,z1,MyTool\WObj：=Wobj1;
        MoveL Target_180,v200,z5,MyTool\WObj：=Wobj1;
        MoveL Target_190,v200,z1,MyTool\WObj：=Wobj1;
        MoveL Target_200,v200,z1,MyTool\WObj：=Wobj1;
        MoveL Target_210,v200,z1,MyTool\WObj：=Wobj1;
        MoveL Target_220,v200,z1,MyTool\WObj：=Wobj1;
        MoveL Target_230,v200,z1,MyTool\WObj：=Wobj1;
        MoveC Target_240,Target_250,v200,z1,MyTool\WObj：=Wobj1;
        MoveL pDepart,v200,z5,MyTool\WObj：=Wobj1;
        MoveJ pHome,v1000,fine,MyTool\WObj：=wobj0;
    ENDPROC
    PROC main()
        Path_10;
    ENDPROC
ENDMODULE
```

习 题

1. 填空题(请将正确答案填在题中的横线上)

（1）创建工件坐标取点创建框架时主要有 ＿＿＿＿＿＿ 和 ＿＿＿＿＿＿ 两种基本形式。

（2）在 RobotStudio 中为机器人创建路径的基本方法有 ＿＿＿＿＿＿ 和 ＿＿＿＿＿＿ 两种。

（3）在 RobotStudio 中为机器人创建自动路径时，近似值有 ＿＿＿＿＿＿＿＿ 、＿＿＿＿＿＿ 和 ＿＿＿＿＿＿ 三种参数可以选择。

（4）根据工件边缘曲线自动生成的轨迹，可能部分目标点姿态机器人难以到达，因此必须对目标点的 ＿＿＿＿＿＿ 进行调整，从而让机器人能够到达各个目标点。

（5）在修改目标点位置时，参考输入框中选择要修改的目标点，"对准轴"设为 ＿＿＿＿＿ 。

（6）在实际应用中，往往还需要对机器人轨迹路径进行优化，加入轨迹点、＿＿＿＿＿＿ 点和 ＿＿＿＿＿＿ 点。

（7）MoveJ p1，v100，z10，Tool1 指令机器人做 ＿＿＿＿＿＿ 运动，MoveL p2，v100，z10，Tool1 指令机器人做 ＿＿＿＿＿＿ 运动，MoveC p1，p2，v100，z10，Tool1 指令机器人做 ＿＿＿＿＿＿ 运动。

（8）机器人路径优化完成后还需在"基本"功能选项卡中，单击 ＿＿＿＿＿＿＿＿ ，选择 ＿＿＿＿＿＿ ，完成相应的同步工作。

2. 判断题(命题正确请在括号中打√，命题错误请在括号中打×)

（1）工业机器人处理不规则曲线时，可以采用描点法或图形化编程方法进行处理。

（　　）

（2）在实际应用过程中，固定装置上面一般设有定位销，用于保证加工工件与固定装置间的相对精度。因此，建议在实际应用中以定位销为基准来创建用户坐标系。　（　　）

（3）根据工件边缘曲线自动生成机器人运行轨迹 Path_10 后，机器人不可直接按照此轨迹进行运动。　（　　）

（4）"自动路径"选项中的"近似参数"中"线性"即为每个目标生成线性指令，圆弧作为分段线处理。　（　　）

（5）"近似参数"中"圆弧运动"和"常量"都是固定的模式，处理曲线时有可能会产生大量的多余点位或路径精度不佳等问题。　（　　）

（6）"自动路径"选项中的"反转"就是将运行轨迹方向置反，默认方向为逆时针运行，反转后则为顺时针运行。　（　　）

（7）RobotStudio 6.0x 中目标点可以单个调整，也可以批量进行调整。　（　　）

（8）在实际应用中，机器人轨迹路径中的安全位置 pHome 点可以设置为机械原点。

（　　）

（9）进行仿真操作的基本设置是在"仿真"菜单中，单击"仿真设定"，单击"T_ROB1"，

"进入点"必须选择"main"。 （　　）

（10）机器人轨迹路径中轨迹起始接近点要放置于工件加工轨迹目标点之前，而且应该距离工件具有一定的距离。 （　　）

3. 选择题

（1）在工业机器人应用中，如激光切割、涂胶、焊接等，经常需要对一些不规则曲线进行处理。通常采用（　　）进行编程。

　　A. 在线描点法、离线示教法　　　　　B. 在线拖动法、离线图形化

　　C. 在线图形法、离线图形化　　　　　D. 在线描点法、离线图形化

（2）在轨迹应用中，需要创建用户坐标系以方便进行编程和路径修改。用户坐标系的创建一般以加工工件的固定装置的（　　）为基准。

　　A. 任意点　　　　B. 特征点　　　　C. 任意中心　　　　D. 任意端点

（3）处理目标点时可以批量进行，（　　）＋鼠标左键选中剩余的所有目标点，然后再统一进行调整。

　　A. Alt　　　　B. Ctrl　　　　C. Shift　　　　D. Shift＋Ctrl

（4）在实际的工业机器人工作站中，机器人轨迹路径中的（　　）点根据需要可以设置在机械原点处。

　　A. 原始　　　　B. 轨迹起始接近　　　C. 轨迹结束离开　　　D. 安全位置

（5）进行轴参数配置时，关节值可以显示（　　）的关节值信息。

　　A. 实时、当前　　　　　　　　　　B. 活动、当前

　　C. 之前、当前　　　　　　　　　　D. 当前、预期

（6）根据工件边缘曲线自动生成的轨迹可能部分目标点姿态机器人难以到达，因此必须对目标点的（　　）进行调整，从而让机器人能够到达各个目标点。

　　A. 角度　　　　B. 姿态　　　　C. 速度　　　　D. 位移

（7）机器人轨迹起始接近点创建完成后，还需要单击"机器人路径"，选择"添加到路径"，将其添加到机器人路径的（　　）行。

　　A. 第一　　　　B. 第二　　　　C. 倒数第二　　　　D. 最后一

（8）机器人轨迹结束离开点创建完成后，还需要单击"机器人路径"，选择"添加到路径"，将其添加到机器人路径的（　　）行。

　　A. 第一　　　　B. 第二　　　　C. 倒数第二　　　　D. 最后一

项目七
机器人搬运离线仿真编程

 项目概述

本项目为机器人搬运码垛项目,工作站如图7-1所示。

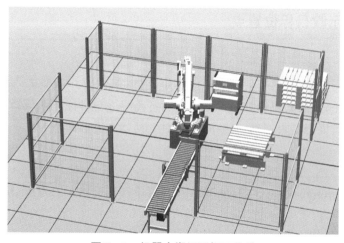

图7-1 机器人搬运码垛工作站

工作站工作过程为:输送线设备将工件传送至输送链的末端,安装在末端的传感器检测工件是否到位,工件到位后将信号传递给机器人,机器人对工件进行吸取,然后送到托盘,按照奇偶层进行码垛排列。

工件尺寸为 600 mm × 400 mm × 200 mm。码垛要求如图 7-2 所示,奇数层码垛要求如图 7-3(a)所示,偶数层要求如图 7-3(b)所示,并依此规律进行叠加。

本工作站中已使用 Smart 组件对输送线传送工件做了仿真动画,且编写好完整的程序。但程序中的目标位置点均未进行示教。在此基础上读者需完成:① 所有目标点的离线示教;

图7-2 码垛效果

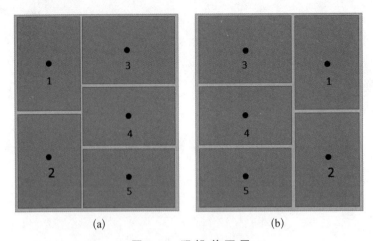

图 7-3　码垛单双层

(a) 奇数层摆放；(b) 偶数层摆放

② 使用"事件管理器"对机器人手爪抓放工件动作进行仿真。

任务一　离线示教目标位置点

1. 任务描述

在机器人搬运程序中,各个目标点都已经定义好,但位置并不准确,本任务就是通过分析机器人搬运程序,找出需要示教的目标点并通过离线进行目标点的示教。示教过程中,要注意目标点的工具姿态是否正确,必要时需要对工具姿态进行调整。

2. 任务实施

1) 程序解读

解压 XM7_banyun.rspag 文件,从"RAPID"菜单打开机器人的程序,认真阅读分析以下程序。

```
MODULE MainMoudle
    PERS tooldata tGrip：= [TRUE,[[0,0,200],[1,0,0,0]],[24,[0,0,
133.333333333],[1,0,0,0],0,0,0]];
    PERS loaddata LoadEmpty：=[0.01,[0,0,1],[1,0,0,0],0,0,0];
    PERS loaddata LoadFull：=[40,[0,0,100],[1,0,0,0],0,0,0];
    PERS robtarget pHome：=[[1505,-600,660],[0,0.70710667,0.707106892,0],
[0,0,0,0],[9E9,9E9,9E9,9E9,9E9,9E9]];
    PERS robtarget pPick：=[[1300,-372.597,700],[0,0.707106781,0.707106781,
0],[0,0,1,0],[9E9,9E9,9E9,9E9,9E9,9E9]];
    PERS robtarget pPlace：=[[800,1000,600],[0,0.707107,0.707107,0],[1,0,
-2,0],[9E+09,9E+09,9E+09,9E+09,9E+09,9E+09]];
    PERS robtarget pBase1：=[[800,1000,600],[0,0.707106781,0.707106781,0],
```

$[1,0,-2,0],[9E9,9E9,9E9,9E9,9E9,9E9]]$;

　　　　PERS robtarget pBase2:＝$[[800,1000,600],[0,1,0,0],[1,0,-1,0],[9E9,$

$9E9,9E9,9E9,9E9,9E9]]$;

　　　　PERS bool bPalletFull1:＝FALSE;

　　　　PERS num nCount1:＝1;

　　PROC Main()

　　　　rInitAll;

　　　　WHILE TRUE DO

　　　　　　IF diBoxInPos1 = 1 AND diPalletInPos1 = 1 AND bPalletFull1 =

FALSE THEN

　　　　　　　　rPos;

　　　　　　　　rPick1;

　　　　　　　　rPlace1;

　　　　　　ENDIF

　　　　ENDWHILE

　　ENDPROC

　　PROC rInitAll()

　　　　ConfL\Off;

　　　　ConfJ\Off;

　　　　Reset doGrip;

　　　　MoveJ pHome,v2000,fine,tGrip\WObj:＝wobj0;

　　　　bPalletFull1:＝FALSE;

　　　　nCount1:＝1;

　　ENDPROC

　　PROC rPick1()

　　　　MoveJ Offs(pPick,0,0,400),v5000,z100,tGrip\WObj:＝wobj0;

　　　　MoveL pPick,v1000,fine,tGrip\WObj:＝wobj0;

　　　　Set doGrip;

　　　　WaitTime 0.2;

　　　　GripLoad LoadFull;

　　　　MoveL Offs(pPick,0,0,400),v2000,z100,tGrip\WObj:＝wobj0;

　　ENDPROC

　　PROC rPlace1()

　　　　MoveJ Offs(pPlace,0,0,400),v4000,z100,tGrip\WObj:＝wobj0;

　　　　MoveL pPlace,v1000,fine,tGrip\WObj:＝wobj0;

　　　　Reset doGrip;

　　　　WaitTime 0.1;

　　　　GripLoad LoadEmpty;

```
        MoveL Offs(pPlace,0,0,400),v2000,z100,tGrip\WObj:=wobj0;
        MoveJ Offs(pPick,0,0,400),v5000,z100,tGrip\WObj:=wobj0;
        nCount1:=nCount1+1;
        IF nCount1>10 THEN
            bPalletFull1:=TRUE;
        ENDIF
    ENDPROC
    PROC rPos()
        ! Layer 1;
        TEST nCount1
        CASE 1:
            pPlace:=Offs(pBase1,0,0,0);
        CASE 2:
            pPlace:=Offs(pBase1,0,0,0);
        CASE 3:
            pPlace:=Offs(pBase1,0,0,0);
        CASE 4:
            pPlace:=Offs(pBase1,0,0,0);
        CASE 5:
            pPlace:=Offs(pBase1,0,0,0);
        ! Layer 2;
        CASE 6:
            pPlace:=Offs(pBase1,0,0,0);
        CASE 7:
            pPlace:=Offs(pBase1,0,0,0);
        CASE 8:
            pPlace:=Offs(pBase1,0,0,0);
        CASE 9:
            pPlace:=Offs(pBase1,0,0,0);
        CASE 10:
            pPlace:=Offs(pBase1,0,0,0);
        ENDTEST
    ENDPROC
ENDMODULE
```

从以上程序可以分析出:机器人初始化时,首先回到工作原点(pHome),搬运条件满足时,机器人开始搬运,从工作原点移动到抓取位置上方 400 mm 的位置(Offs(pPick,0,0,400)),然后移动到抓取位置(pPick)抓取,最后将工件放置在放置点(pPlace)。pPlace 位置是一个可变量,它是通过两个不变量位置点(pBase1、pBase2)偏移计算而来。

因此，我们需要对 pHome、pPick、pBase1、pBase2 这 4 个位置进行示教。

2）目标点离线示教

（1）工作原点示教。工作原点是机器人工作等待的一个位置，可以直接通过"机械装置手动线性"示教。在"布局"窗口，右击"IRB460"机器人，然后单击"机械装置手动线性"，如图7-4 所示。

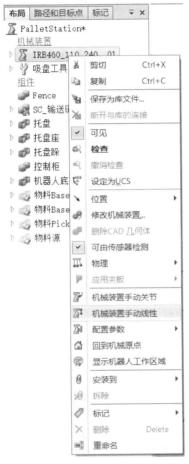

图 7-4　单击机械装置手动线性

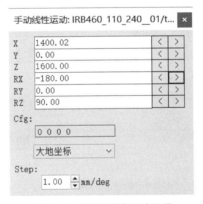

图 7-5　手动线性运动设置

在图 7-5 所示的"手动线性运动"对话框中，按照图中数值设置即可。

单击"基本"菜单中的" 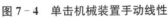示教目标点 "控件，在弹出的如图 7-6 所示提示框中勾选"不再显示此信息"，单击"是（Y）"。

在左侧的"路径和目标点"窗口中，找到该目标点，默认名称为"Target_10"，将其名称更改为"pHome"，如图 7-7 所示。

（2）拾取位置点示教。在"布局"窗口，右击"物料 pick_示教"，勾选可见，显示该物料。在"基本"菜单，单击目标点下拉按键，

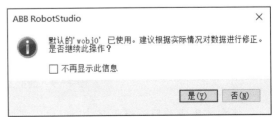

图 7-6　提示框

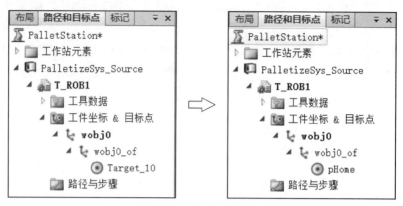

图 7-7　示教目标点

图 7-8　创 建 目 标

单击"创建目标",如图 7-8 所示。

使用捕捉中心点工具 ◉ 捕捉该物料上表面中心点,如图 7-9 所示,单击"创建"。

图 7-9　捕捉工件上表面中心点

将刚才生成的目标点更名为"pPick",然后右击"pPick",查看目标处工具,勾选"吸盘工具",如图 7-10 所示。

图 7-10　查看目标处工具

图 7-11　目标处工具姿态

可以看到 pPick 位置的吸盘工具姿态如图 7-11 所示，需要对其进行调整。

右击"pPick"→"修改目标"→"旋转"，打开如图 7-12 所示的"旋转"对话框。

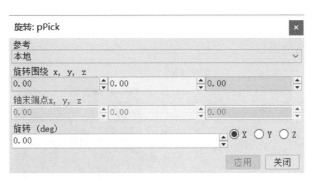

图 7-12　旋转对话框

在"旋转"对话框（见图 7-13(a)）中，"参考"选择"本地"，先绕着 Y 轴旋转 180 度，单击"应用"旋转后的工具姿态如图 7-13(b)所示。

再绕着 Z 轴旋转 90 度，调整后吸盘工具姿态如图 7-14(b)所示。

至此，pPick 目标点离线示教完成。完成后将"物料 pick_示教"隐藏。

（3）放置基准 pBase1 示教。在"布局"窗口，右击"物料 pBase1_示教"，勾选"可见"，显示该物料。在"基本"菜单，单击目标点下拉按键，单击"创建目标"，弹出"创建目标"对话框如图 7-15(a)所示。

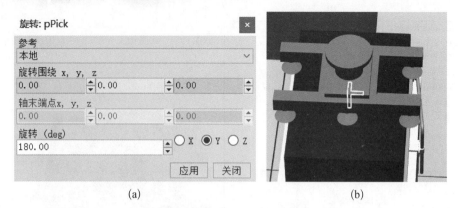

(a)　　　　　　　　　　(b)

图 7‑13　绕本地 Y 轴旋转 180°

（a）旋转对话框；（b）旋转后姿态

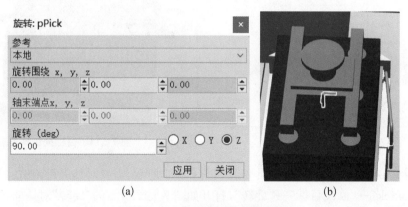

(a)　　　　　　　　　　(b)

图 7‑14　绕本地 Z 轴旋转 90°

（a）旋转对话框；（b）旋转后姿态

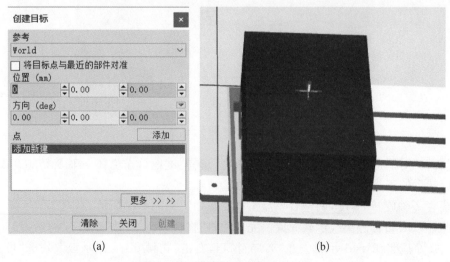

(a)　　　　　　　　　　(b)

图 7‑15　捕捉工件上表面中心点

（a）创建目标对话框；（b）捕捉目标点

使用捕捉中心点工具  捕捉"物料 pBase1_示教"上表面中心点,如图 7 - 15(b)所示,单击"创建"。

将生成的目标点更名为 pBase1。可以看到 pBase1 位置的吸盘工具姿态如图 7 - 16 所示,需要对其进行调整。

右击"pBase1"→"修改目标"→"旋转",打开"旋转"对话框。在"旋转"对话框(见图 7 - 17(a))中,"参考"选择"本地",先绕着 Y 轴旋转 180 度,单击"应用"旋转后的工具姿态如图 7 - 17(b)所示。

图 7 - 16　目标处工具姿态

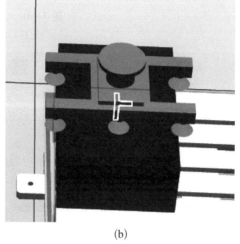

(a)　　　　　　　　　　(b)

图 7 - 17　绕本地 Y 轴旋转 180°

(a) 旋转对话框;(b) 旋转后姿态

再绕着本地 Z 轴旋转 90 度,调整后吸盘工具姿态如图 7 - 18(b)所示。

至此,pBase1 目标点离线示教完成。完成后将"物料 pBase1_示教"隐藏。

(4) 放置基准 pBase2 示教。在"布局"窗口,右击"物料 pBase2_示教",勾选"可见",显示该物料。在"基本"菜单,单击目标点下拉按键,单击"创建目标",弹出"创建目标"对话框如图 7 - 19(a)所示。

使用捕捉中心点工具 ◉ 捕捉"物料 pBase2_示教"上表面中心点,如图 7 - 19(b)所示,单击"创建"。

将生成的目标点更名为 pBase2。可以看到 pBase2 位置的吸盘工具姿态如图 7 - 20 所示,需要对其进行调整。

右击"pBase2"→"修改目标"→"旋转",打开"旋转"对话框。在"旋转"对话框(见图 7 - 21(a))中,"参考"选择"本地",先绕着 Y 轴旋转 180 度,单击"应用"旋转后的工具姿态如图 7 - 21(b)所示。

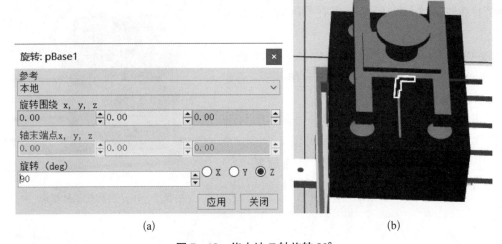

(a)   (b)

图 7-18　绕本地 Z 轴旋转 90°

(a) 旋转对话框；(b) 旋转后姿态

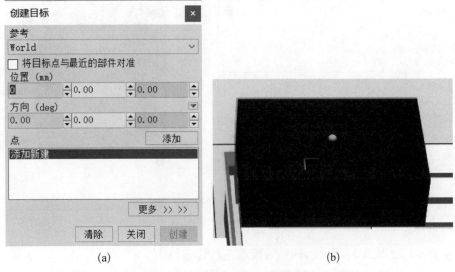

(a)   (b)

图 7-19　捕捉工件上表面中心点

(a) 创建目标对话框；(b) 捕捉目标点

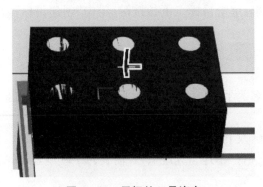

图 7-20　目标处工具姿态

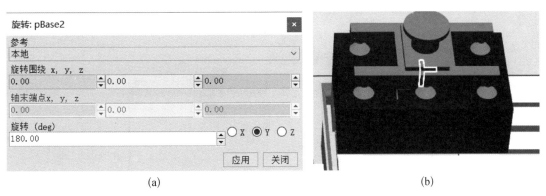

(a)　　　　　　　　　　　　(b)

图 7 - 21　绕本地 Y 轴旋转 180°

（a）旋转对话框；（b）旋转后姿态

至此，pBase2 目标点离线示教完成。完成后将"物料 pBase2_示教"隐藏。

任务二　同步到 RAPID

1. 任务描述

目标点离线示教完成后需要将位置同步到 RAPID 中，因此先生成一条示教路径 rTech，然后通过"同步"，将目标点位置"同步到 RAPID"中。

2. 任务实施

1）生成路径

在 RobotStudio 软件右下侧，修改指令模板参数，如图 7 - 22 所示。将速度改为 v500，转角改为 fine。

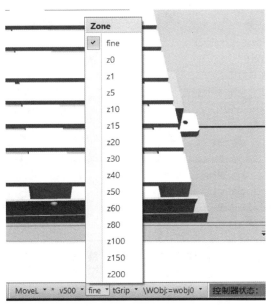

图 7 - 22　修改指令模板

在"路径和目标点"窗口,选中所有目标点,右击,然后单击"添加新路径",如图7-23所示。

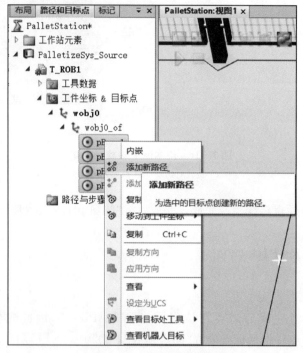

图7-23　添加新路径

将新路径重命名为"rTech",如图7-24所示。

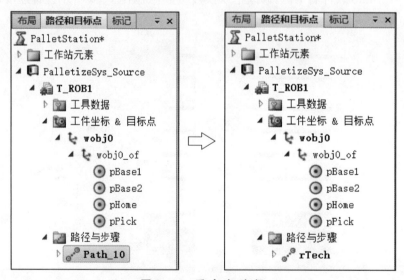

图7-24　重命名路径

2)同步到RAPID

将目标点同步到控制器中。

在"基本"菜单中,单击"同步"下拉按钮,然后单击"同步到 RAPID",如图 7 - 25 所示。

图 7 - 25　同步到 RAPID

选中所有需要同步的对象(工具坐标、路径、目标点),模块一栏统一更改为"MainMoudle",存储类型一栏统一更改为"PERS",单击"确定",如图 7 - 26 所示。

图 7 - 26　同步选项

至此,目标点离线示教完成。

任务三　码垛位置例行程序修改

1. 任务描述
示教目标点时,示教了 2 个基本位置:pBase1,pBase2。其余的码垛位置点需要通过这 2 个位置计算得到。因此需要在码垛位置例行程序 rPos 中修改正确的码垛位置信息。

2. 任务实施
1) 码垛位置点计算

pBase1 和 pBase2 已经示教好,观察如图 7 - 27 所示奇数层和偶数层的摆放位置,可以使用 Offs 偏移指令和 pBase1、pBase2 的位置，对其余位置点通过运算可以得到。

Offs 使用的当前工件坐标系为 wobj0，示教点和工件坐标系关系如图 7-28 所示。

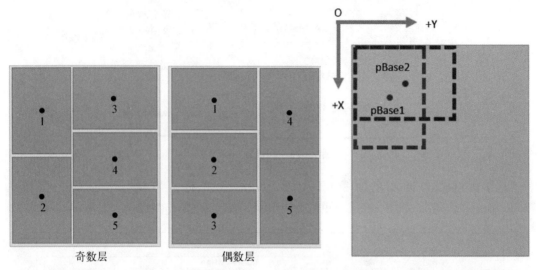

图 7-27　奇数和偶数层码垛　　　　图 7-28　示教点 pBase1、pBase2 和工件坐标系关系

码垛第一层的 5 个位置，分别为：Offs(pBase1,0,0,0)、Offs(pBase1,600,0,0)、Offs(pBase2,0,400,0)、Offs(pBase2,400,400,0)、Offs(pBase2,800,400,0)。

码垛第二层的 5 个位置，分别为：Offs(pBase2,0,0,200)、Offs(pBase2,400,0,200)、Offs(pBase2,800,0,200)、Offs(pBase1,0,600,200)、Offs(pBase1,600,600,200)。

更高层数的工件位置，只要在第一层和第二层基础上，在 Z 轴正方向上叠加相应的产品高度即可完成。

2) 修改 rPos 例行程序

对 rPos 例行程序中各个码垛位置的数值进行修改，修改后的程序如下所示。

```
PROC rPos()
        ! Layer 1；
        TEST nCount1
        CASE 1：
            pPlace：=Offs(pBase1,0,0,0);
        CASE 2：
            pPlace：=Offs(pBase1,600,0,0);
        CASE 3：
            pPlace：=Offs(pBase2,0,400,0);
        CASE 4：
            pPlace：=Offs(pBase2,400,400,0);
        CASE 5：
            pPlace：=Offs(pBase2,800,400,0);
```

```
      ！Layer 2；
      CASE 6：
          pPlace：=Offs(pBase2,0,0,200);
      CASE 7：
          pPlace：=Offs(pBase2,400,0,200);
      CASE 8：
        pPlace：=Offs(pBase2,800,0,200);
      CASE 9：
          pPlace：=Offs(pBase1,0,600,200);
      CASE 10：
          pPlace：=Offs(pBase1,600,600,200);
      ENDTEST
ENDPROC
```

修改完成后，单击"RAPID"菜单下"应用"→"全部应用"，如图 7 - 29 所示。修改的程序传到控制器中。

图 7 - 29 修 改 程 序

任务四　物件拾取与放置仿真设置

1. 任务描述

离线程序修改调试完成后，机器人可以动作。为使机器人动作更为逼真，可以通过"事件管理器"来进行仿真设置，实现拾取物件和放置物件的动画效果。

2. 任务实施

ABB RobotStudio 软件中制作动画效果有 2 个工具，一个是事件管理器，另一个是 Smart 组件。本项目中将介绍事件管理器的使用，在项目八中将介绍 Smart 组件的使用。

事件管理器的使用相对来说比较简单，容易理解，就 I/O 信号来说可创建的事件主要有：更改 I/O、附加对象、提取对象、打开/关闭 TCP 跟踪、将机械装置移至姿态、移动对象、显示/隐藏对象、移到查看位置。

本任务中，将使用 doGrip 信号来做附加对象和提取对象的仿真。当 doGrip 从 0—1 时，附加工件对象，当 doGrip 从 1—0 时，提取对象。

1）打开事件管理器

在"仿真"菜单中，单击图 7 - 30 所示位置，打开"事件管理器"。

打开的"事件管理器"窗口，如图 7 - 31 所示。

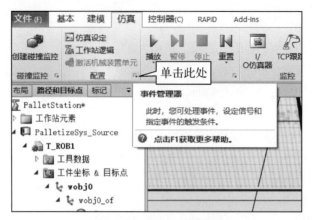

图 7 - 30 打开时间管理器

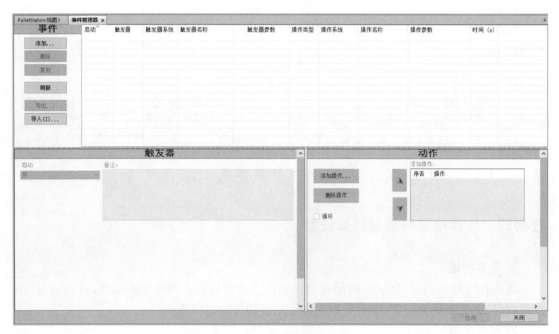

图 7 - 31 事件管理器窗口

2) 吸盘工具吸取工件仿真

在图 7 - 31 的"事件管理器"窗口中,单击"添加",出现如图 7 - 32"创建新事件-选择触发类型和启动"窗口,在"事件触发类型"中选择"I/O 信号已更改",单击"下一个"。

在图 7 - 33 所示"创建新事件-I/O 信号触发器"窗口,选中"doGrip",选择"信号是True",单击"下一个"。

在图 7 - 34 所示"创建新事件-选择操作类型"窗口中,设定动作类型改为"附加对象",单击"下一个"。

在图 7 - 35 所示"创建新事件-附加对象"窗口,"附加对象"改为"查找最接近 TCP 的对象",选择"保持位置","安装到"选择"吸盘工具",单击"完成"。

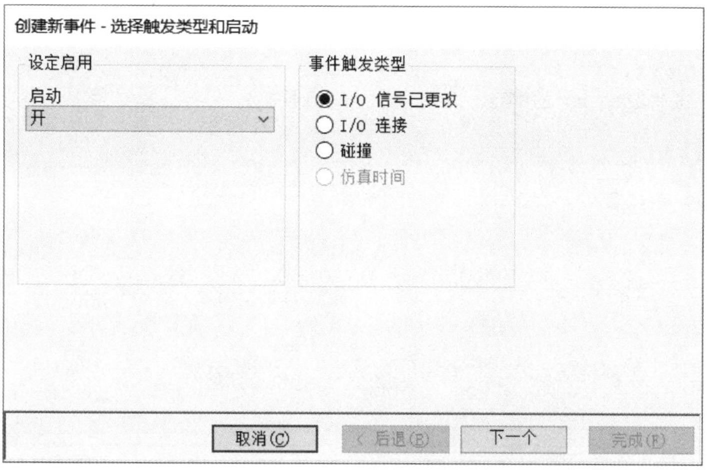

图 7‑32　创建新事件‑选择触发类型和启动窗口

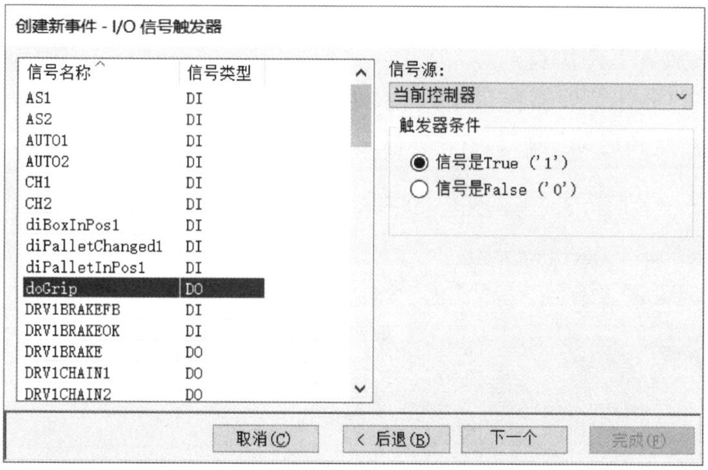

图 7‑33　创建新事件‑I/O 信号触发窗口

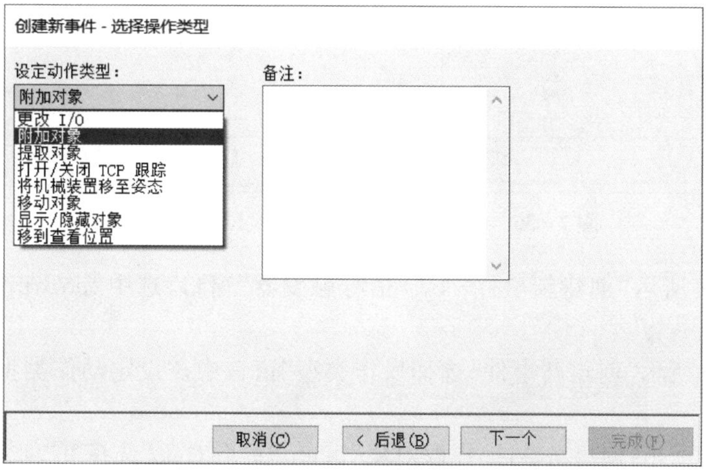

图 7‑34　创建新事件‑选择操作类型窗口

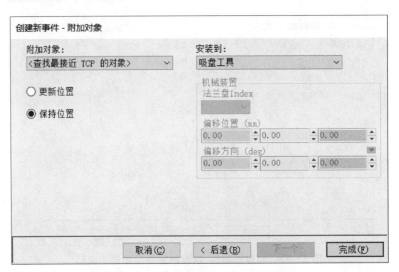

图 7-35　创建新事件-附加对象窗口

3）吸盘工具放置工件仿真

在图 7-31 的事件管理器窗口中，再次单击"添加"，出现如图 7-36 所示的"创建新事件-选择触发类型和启动"窗口，在"事件触发类型"中选择"I/O 信号已更改"，单击"下一个"。

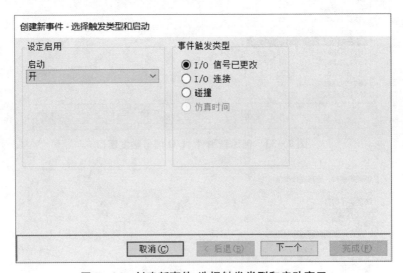

图 7-36　创建新事件-选择触发类型和启动窗口

在图 7-37 所示"创建新事件-I/O 信号触发器"窗口，选中"doGrip"，选择"信号是 False"，单击"下一个"。

在图 7-38 所示"创建新事件-选择操作类型"窗口中，"设定动作类型"改为"提取对象"，单击"下一个"。

在图 7-39 所示"创建新事件-提取对象"窗口，"提取对象"选择"任何对象"，"提取于"选择"吸盘工具"，单击"完成"。

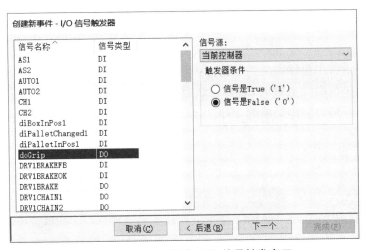

图 7–37　创建新事件-I/O 信号触发窗口

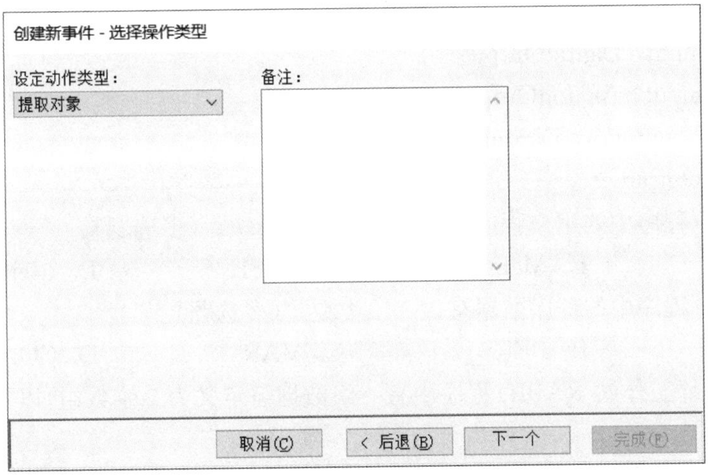

图 7–38　创建新事件-选择操作类型窗口

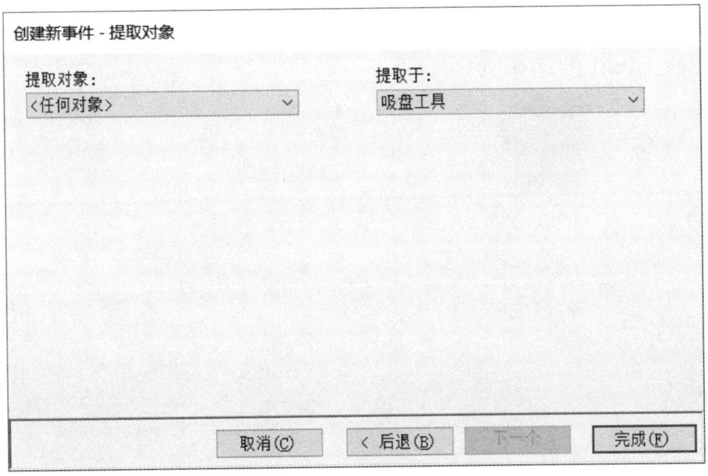

图 7–39　创建新事件-提取对象

 项目总结

本项目主要讲解了目标点离线示教方法和"事件管理器"的使用。

在对目标点进行离线示教时,需要对机器人的工具方向进行调整,使得工具的姿态正确。"事件管理器"适合制作简单的动画,可以进行简单动作的仿真,而且容易掌握。

 习 题

选择题

(1) 机器人工作站中,若 RAPID 程序中新建了 VAR bool Pallet_Full 变量,那么其可以赋值为(   )(多选题)。

A. FALSE   B. TRUE   C. 1   D. 0

(2) RobotStudio 6.0x 中信号类型主要有(   )等几种类型。(多选题)

A. DigitalInput,DigitalOutput

B. AnalogInput,AnalogOutput

C. DigitalgroupInput,DigitalgroupOutput

D. Input,Output

(3) RAPID 程序中的用户程序必须包含(   )模块。(多选题)

A. MAIN   B. Mainmoudle   C. BASE   D. user

(4) RAPID 程序中的程序数据有(   )类型。(多选题)

A. FALSE   B. PERS   C. VAR   D. CONT

(5) 搬运码垛工作站 RAPID 程序中有一组数据需定义为二维数组,以下哪种表达式是正确的(   )。

A. CONT num PalletPos{4,2}   B. VAR num PalletPos{4,2}

C. PERS num PalletPos{2,4}   D. PERS num PalletPos{4,2}

(6) 搬运码垛工作站 RAPID 程序中,若 Pallet_Count=1,那么 Incr Pallet_count 指令执行结束后,Pallet_count 的结果为(   )。

A. 1   B. 2   C. 3   D. 4

项目八

机器人 Smart 组件仿真应用

 项目概述

本项目为机器人搬运码垛项目，工作站如图 8-1 所示。

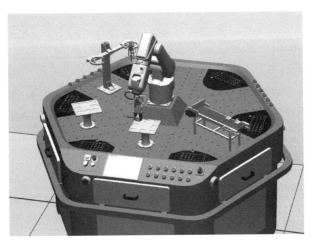

图 8-1　机器人搬运码垛工作站

该工作站工艺流程为：机器人将传送带送来的工件搬运至码垛盘按照位置要求进行摆放。项目文件中已编写好完整程序，输入/输出信号如表 8-1 所示。

表 8-1　机器人输入/输出信号

序号	信号名称	信号类型	功　　能
1	di0_start	数字输入	机器人程序执行后，该信号为 1，程序继续往下执行
2	di1_workInPos	数字输入	工件被传送至末端，被传感器检出，该信号为 1
3	di2_clawclose	数字输入	夹爪检测信号，信号为 1 时，夹爪夹紧
4	do0_close	数字输出	该信号为 1 时，夹爪闭合，为 0 时，打开

其中 di1_workInPos 信号是工件传送到传送带末端，由传感器检测出输送给机器人控

制器,do0_close 信号用于手爪的张开和闭合控制。在实际工程中,这 2 个信号都有相对应的元器件。

在 RobotStudio 软件中需要对传送带和夹爪动作进行仿真,同时机器人与传送带和夹爪之间也需要进行信号的联系。本项目通过创建 2 个 Smart 组件(SC_infeeder、SC_Claw)对传送带及夹爪进行仿真,机器人系统(robtab_sys)和这 2 个组件之间的 I/O 信号关系如图 8-2 所示。

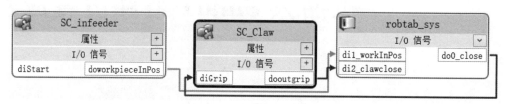

图 8-2　信号之间联系图

任务一　用 Smart 组件创建动态传送带 SC_infeeder

1. 任务描述

本任务使用 Smart 组件创建动态传送带 SC_infeeder,实现传送带的动画效果。在实施任务过程中,主要完成以下几项工作:应用 Smart 组件设定传送带产品源、应用 Smart 组件设定传送带运动属性、应用 Smart 组件设定传送带限位传感器、创建 Smart 组件的属性与连结、创建 Smart 组件的信号与连接。最终实现 Smart 组件的模拟动态运行。

2. 任务实施

将 XM8_SC_palletizing.rspag 文件解压,解压完成后工作站如图 8-3 所示。模型中的夹爪是项目五中创建的具有闭合和张开功能的机械装置。

制作的 Smart 组件传送带动态效果包含:传送链前端自动生成产品、产品随着传送带向前运动、产品到达传送带末端后停止运动、产品被移走后传送带前段再次生成产品并依次循环。

在"建模"功能选项卡中单击"Smart 组件",新建一个 Smart 组件,右击该组件,将其重命名为"SC_infeeder",如图 8-4 所示。

1) 设定传送带的产品源

(1) 单击"添加组件",选择"动作"列表中的"Source"。添加"Source"子组件,"Source"子组件用于设定产生复制的产品源,每当触发一次,都会自动生成一个产品源的复制品,同时指定复制品的位置。

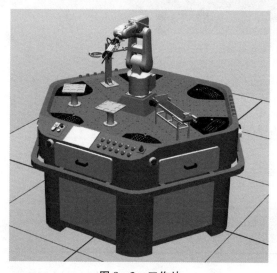

图 8-3　工作站

图 8-4　新建 SC_infeeder 组件

图 8-5　添加 Source 子组件

(2) 设置"Source"属性,如图 8 - 6 所示,将 Source 选为"workpiece-cube",Position 设为图中位置,完成后单击"应用"。

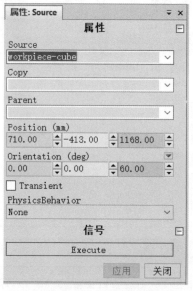

图 8 - 6 Source 属性设置

2) 设定传送带的运动属性

(1) 单击"添加组件",选择"其他"列表中的"Queue"。添加"Queue"子组件,子组件"Queue"可将同类型物体作队列处理,这里将产生的产品源放入队列(见图 8 - 7)。

图 8 - 7 添加 Queue 子组件

（2）此处 Queue 暂时不需要设置其属性，如图 8-8 所示。

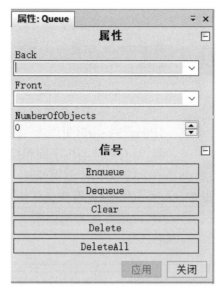

图 8-8　Queue 属性设置

（3）单击"添加组件"，选择"本体"列表中的"LinearMover"（见图 8-9）。子组件"LinearMover"用于设定运动属性，其属性包含指定运动物体、运动方向、运动速度、参考坐标系等。

图 8-9　添加 LinearMover 子组件

图 8-10 LinearMover 属性设置

（4）将之前设定的 SC_infeeder/Queue 设定运动物体，运动方向为传送带方向，为大地坐标的 X 轴方向 −1 732.00 mm，Y 轴方向 1 000 mm，速度为 60 mm/s，将 Execute 设置为 1，则该运动处于一直执行的状态，如图 8-10 所示。

3）设定传送带限位传感器

（1）单击"添加组件"，选择"传感器"列表中的 "PlaneSensor"（见图 8-11）。PlaneSensor 为平面传感器，当有物体与该平面相接触则可检测到并会自动输出一个信号，用于逻辑控制。

（2）设置属性。在传送带末端的挡板处设置传感器，设定方法为捕捉图 8-12 中一个点作为面的原点 A，A 点数值为（317.62，−258.59，1 149.18）。

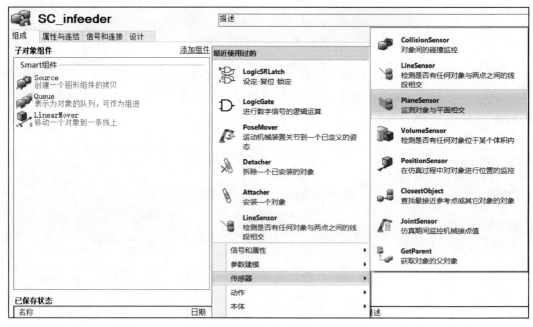

图 8-11 添加 PlaneSensor 子组件

然后设定基于原点 A 略向工件传送过来的方向移动并可将坐标取整，设为（325，−263，1 149）。两个延伸轴的方向及长度构成一个平面，根据传送带宽度和方向设置的两个轴数值。最终设置如图 8-13 所示。在此工作站中，也可以直接将图 8-13 属性框中的数值输入到对应的数值框中，创建图中平面传感器。

设置完成的平面传感器如图 8-14 所示。

（3）传感器接触的周边物体设为不可由传感器检测。虚拟传感器一次只能检测一个物体，所以这里需要保证所创建的传感器不能与周边设备接触，否则无法检测运动到传送带末端的产品。将可能与该传感器接触的周边设备设为不可由传感器检测。

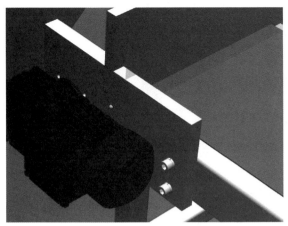

图 8‑12　选　择　原　点

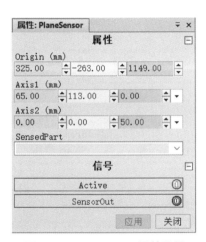

图 8‑13　PlaneSensor 属性设置

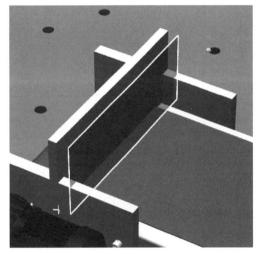

图 8‑14　PlaneSensor 设置完成

在"布局"窗口中右击"InFeeder",选中"修改",将"可由传感器检测"前面的勾去掉,如图 8‑15 所示。

(4) 为了方便处理传送带,将 InFeeder 也放到 Smart 组件中,用左键点住 InFeeder 不要松开,将其拖放到 SC_infeeder 处再松开左键,如图 8‑16 所示。

4) 设定信号转换

在 Smart 组件应用中只有信号发生 0—1 的变化时,才可以触发事件。假如有一个信号 A,我们希望当信号 A 由 0 变 1 时触发事件 B1,信号 A 由 1 变 0 时触发事件 B2;前者可以直接连接进行触发,但是后者需要引入一个非门与信号 A 相连接,这样当信号 A 由 1 变 0 时,经过非门运算之后则转换成了由 0 变 1,然后再与事件 B2 连接,实现的最终效果就是当信号 A 由 1 变 0 时触发了事件 B2。

这里设定的信号转变用于平面传感器,传感器检测到有工件时,此时传感器信号为 1,当工件被机器人搬运走,信号为 0,要利用这个信号变化触发产生复制品,再次循环,所以需要

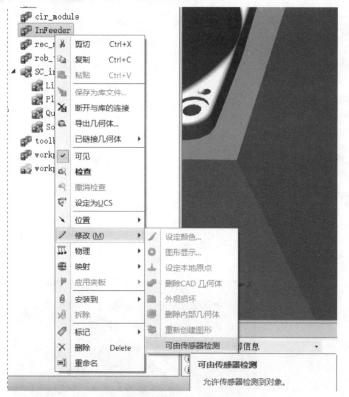

图 8-15 InFeeder 设为不可由传感器检测

图 8-16
将 InFeeder 也放到
Smart 组件

设置一个非门信号转换,将这个信号变化转换为 0—1。

(1) 单击"添加组件",选择"信号和属性"列表中的"LogicGate"(见图 8-17)。

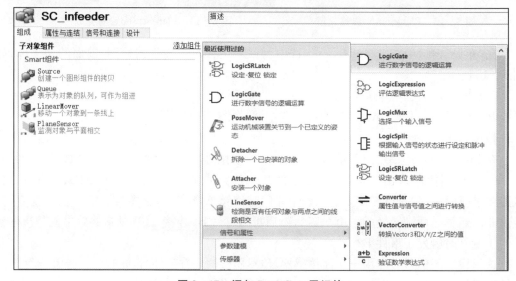

图 8-17 添加 LogicGate 子组件

（2）设置"LogicGate"的"Operator"栏为"NOT"，设置完成后单击"应用"，如图 8 - 18 所示。

5）创建属性与连结

属性连结指的是各 Smart 子组件的某项属性之间的连接，例如组件 A 中的某项属性 A1 与组件 B 中的某项属性 B1 建立属性连结，则当 A1 发生变化时，B1 也会随着一起变化。属性连结是在 Smart 窗口中的"属性与连结"选项卡中进行设定的。

图 8 - 18　LogicGate 属性设置

这里要设置的是 Source 的 Copy 产生的复制品，加入到 Queue 的 Back 下个队列中，这样产生的复制品就能随着队列进行直线移动。

（1）进入"属性与连结"选项卡，如图 8 - 19 所示，单击"添加连结"。

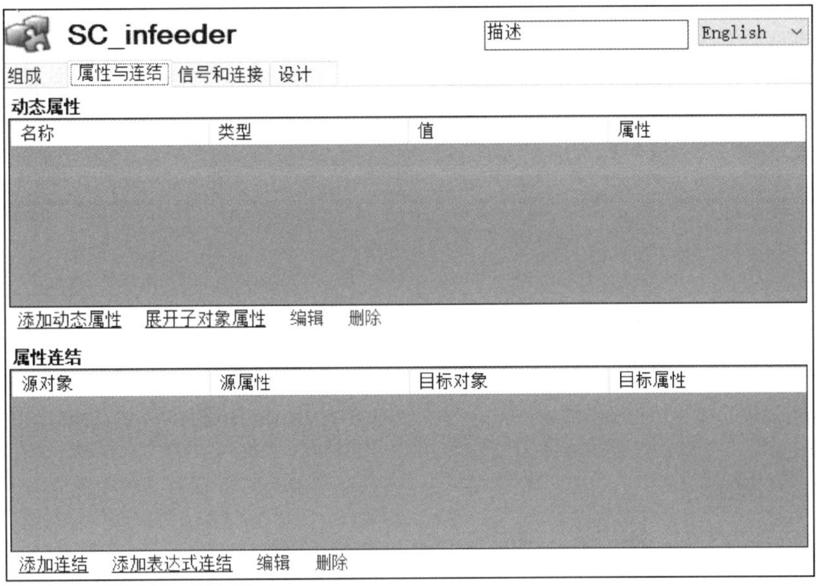

图 8 - 19　"属性与连结"选项卡

（2）设置如图 8 - 20 所示的连结。

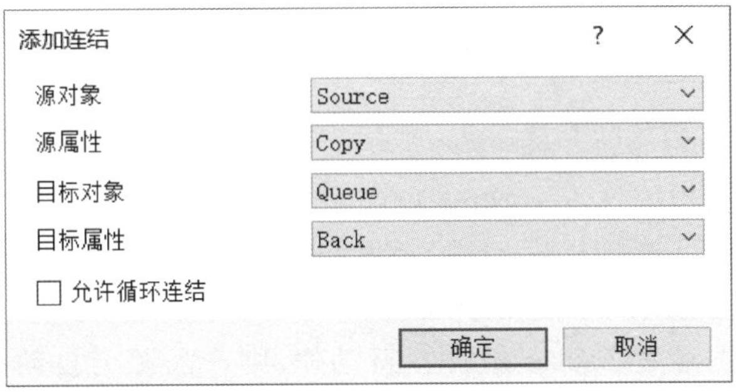

图 8 - 20　添　加　连　结

6) 创建信号与连接

I/O 信号指的是在本工作站中自行创建的数字信号,用于与各个 Smart 子组件进行信号交互。

I/O 连接指的是设定创建的 I/O 信号与 Smart 子组件信号的连接关系,以及各 Smart 子组件之间的信号连接关系。

信号与连接是在 Smart 组件窗口中如图 8-21 所示的"信号与连接"选项卡中进行设置的。

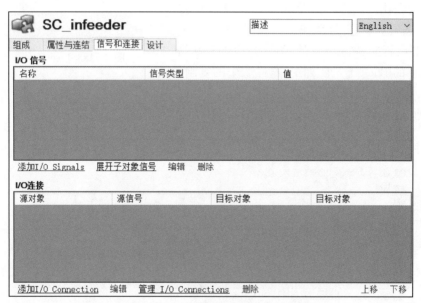

图 8-21 "信号和连接"选项卡

(1) 单击"添加 I/O Signals",添加一个数字信号 diStart,用于启动 Smart 传送带,如图 8-22 所示。

图 8-22 diStart 信号   图 8-23 doworkpieceInPos 信号

(2) 再添加一个输出信号 doworkpieceInPos,用作工件到位输出信号,如图 8-23 所示。

(3) 建立 I/O 连接。单击图 8-21 中"添加 I/O Connection",然后依次添加如图 8-24～图 8-29 所示的 I/O 连接(I/O Connection)。

创建的 diStart 去触发 Source 组件执行动作,则产品源会自动产生一个复制品,如图 8-24 所示。

图 8-24 I/O 连接 1

图 8-25 I/O 连接 2

产品源产生的复制品完成信号触发 Queue 的加入队列动作,则产生的复制品自动加入队列 Queue,如图 8-25 所示。

当复制品与传送带末端的传感器发生接触后,传感器将其本身的输入输出信号 SensorOut 设置为 1,利用此信号触发 Queue 的退出队列动作,则队列里面的复制品自动退出队列,如图 8-26 所示。

图 8-26 I/O 连接 3

图 8-27 I/O 连接 4

当产品运动到传送带末端与限位传感器发生接触时,将 doworkpieceInPos 置为 1,表示产品已到位,如图 8-27 所示。

将传感器的输出信号与非门进行连接,则非门的信号输出变化和传感器输出信号变化正好相反,如图 8-28 所示。

图 8-28 I/O 连接 5

图 8-29 I/O 连接 6

非门的输出信号去触发 Source 的执行,则实现的效果为当传感器的输出信号由 1 变为 0 时,触发产品源 Source 产生一个复制品,如图 8-29 所示。

最终，SC_infeeder 组件之间的信号关系如图 8 - 30 所示。

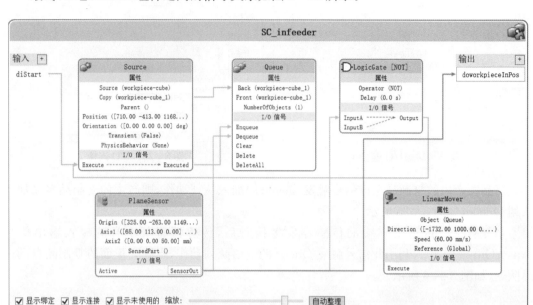

图 8 - 30　SC_infeeder 组件之间的信号关系

7) 仿真运行

至此就完成了 Smart 传送带的设置，接下来验证设定的动画效果。

(1) 在"仿真"菜单中单击"I/O 仿真器"，打开 I/O 仿真器，系统选择"SC_infeeder"，如图 8 - 31 所示。

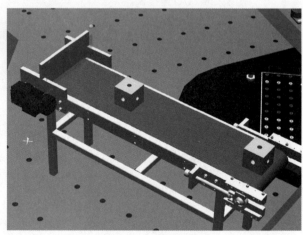

图 8 - 31　SC_infeeder 信号仿真器　　　　图 8 - 32　传送带运行

(2) 单击"仿真"菜单中"播放"按钮进行播放。

(3) 在 SC_infeeder 信号仿真器中单击"diStart"，传送带开始运行，复制品沿着传送带向前直线移动，如图 8 - 32 所示。

（4）复制品运动到传送带末端，与限位传感器接触后停止运动，此时输出信号如图 8－33 所示。

（5）利用 FreeHand 中的线性移动将复制品移开，使其与面传感器不接触，则传送带前端会再次产生一个复制品，进入下一个循环，如图 8－34 所示。

（6）完成动画效果验证后，删除生成的复制品。

（7）最后将 Source 的属性里"Transient"属性前打勾，设置为产生临时的复制品，当仿真停止后，所有的复制品会自动消失。

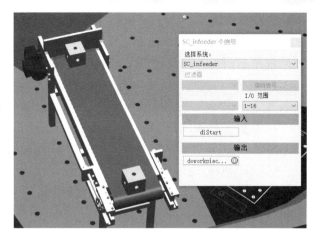

图 8－33　工件运行到传送带末端

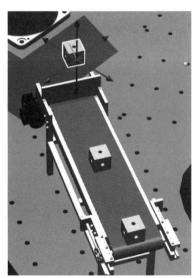

图 8－34　进入下一循环

图 8－35　设置"Transient"属性

任务二　用 Smart 组件创建动态夹爪 SC_Claw

1. 任务描述

本任务使用 Smart 组件创建动态夹爪 SC_Claw，实现夹爪抓取、放置工件的动画效果。在实施任务过程中，主要完成以下几项工作：应用 Smart 组件设定夹爪属性、应用 Smart 组件设定传感器、应用 Smart 组件设定抓取放置动作、应用 Smart 组件设置、创建 Smart 的属性与连结、创建 Smart 组件的信号与连接、创建 Smart 组件（夹爪）的姿态。最终实现 Smart 组件的模拟动态运行。

2. 任务实施

在 RobotStudio 中的仿真工作站中，夹爪的动态效果是最为重要的部分。夹爪的动态效果包含：在传送链末端张开夹爪夹取工件、在放置位打开夹爪释放工件。

在"建模"功能选项卡中单击"Smart 组件"，新建一个 Smart 组件，右击该组件，将其重命名为"SC_Claw"。

1）设定夹具属性

将夹爪 ClawTool 从机器人末端拆卸，以便对独立的 ClawTool 进行处理。

（1）在"布局"窗口的"ClawTool"上右击，然后单击弹出的"拆除"，如图 8-36 所示。如果跳出如图 8-37"更新位置"对话框，选择"否"。

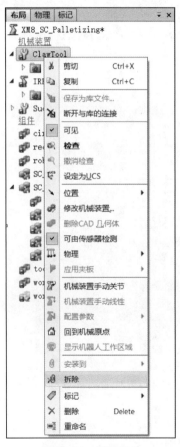

图 8-36 拆除工具

图 8-37 更新位置窗口

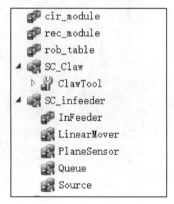

图 8-38 拖放 ClawTool

（2）在"布局窗口"，用左键点住"ClawTool"将其拖放到"SC_Claw"组件上松开，则将 ClawTool 添加到了 SC_Claw 组件中，如图 8-38 所示。

（3）在图 8-39 的"SC_Claw"窗口中右击"ClawTool"，将其添加"Role"属性，则"SC_Claw"继承工具坐标系属性，可以当作机器人的工具来进行使用。

（4）然后在"布局"窗口，用左键点住"SC_Claw"组件，将其拖放到"IRB120"机器人上，这样组件"SC_Claw"作为工具安装到机器人末端。弹出图 8-40 所示的更新位置窗口，选择"否"。

（5）单击图 8-41 中的"是"替换原来的工具数据。

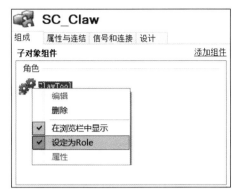

图 8-39　设定为 Role

图 8-40　更新位置窗口

图 8-41　替换工具数据

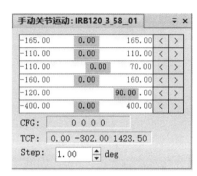

图 8-42　机器人关节姿态

2）设定 LineSensor

（1）为方便设置传感器，在"布局"窗口选中"IRB120 机器人"并右击选择"机械装置手动关节"，将机器人姿态按照图 8-42 调整，让夹爪处于竖直向下。

（2）单击"添加组件"，选择"传感器"列表中的"LineSensor"，如图 8-43 所示。

图 8-43　添加 LineSensor 子组件

（3）在"LineSensor 属性"的"Start"中设置起点。选取图 8-44 右中夹爪的位置，获取该点坐标数值如左图所示。

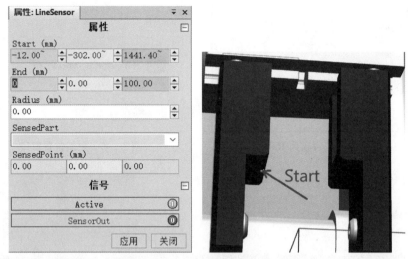

图 8-44　初选 Start 点

将"Start"X 调整为 0 mm，让其处于夹爪中间，Y 设为 −308 mm，使其略向前偏（因工件中间有孔），Z 为 1 441 mm，"End"设为（0，−308，1 401），"Radius"设为 3 mm，这样线性传感器设置完成，如图 8-45 所示。

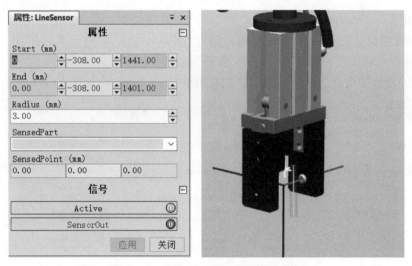

图 8-45　LineSensor 传感器属性设置

（4）设定完成后，生成线性传感器，将"ClawTool"设为不可由传感器检测，防止出现干扰。

3）设定拾取放置工作

（1）单击"添加组件"，选择"动作"列表中的"Attacher"，如图 8-46 所示。

（2）设定"Attacher"属性，"Parent"选择"SC_Claw"，Child 不是特定对象，暂时不设，如图 8-47 所示。

图 8 - 46 添加 Attacher 子组件

图 8 - 47 Attacher 属性设置

（3）单击"添加组件"，选择"动作"列表中的"Detacher"，如图 8 - 48 所示。

（4）设定"Detacher"属性，"Child"不是特定对象，暂时不设，勾选"KeepPosition"，即释放后子对象保持当前位置，如图 8 - 49 所示。

4）设定夹爪姿态

（1）单击"添加组件"，选择"本体"列表中的"PoseMover"，如图 8 - 50 所示。

（2）设置"PoseMover 张开"的属性，如图 8 - 51 所示。

（3）同样方法设置"PoseMover 夹紧"的属性，如图 8 - 52 所示。

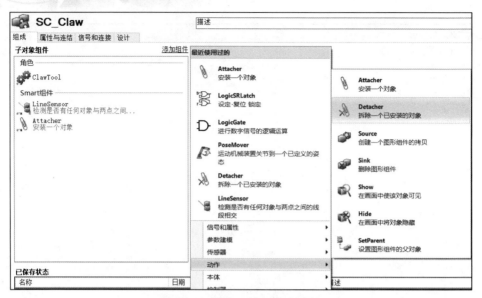

图 8 - 48　添加 Detacher 子组件

图 8 - 49　Detacher 属性设置

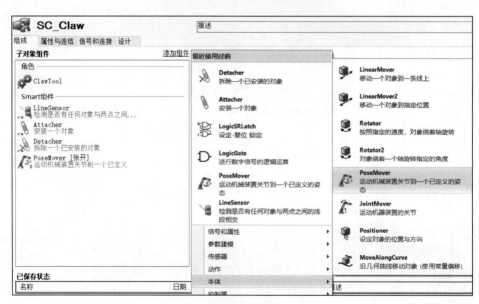

图 8 - 50　添加 PoseMover 子组件

图 8‑51　PoseMover 张开属性设置　　图 8‑52　PoseMover 夹紧属性设置

5）设定信号转换

（1）添加非门，设置如图 8‑53 所示。

（2）添加一个信号置位、复位的子组件 LogicSRLatch，如图 8‑54 所示，无须设置属性。

6）创建属性与连接

（1）在"SC_Claw"Smart 组件窗口选择"属性与连结"选项卡，如图 8‑55 所示。

（2）将传感器检测到的物体作为拾取的子对象，设置如图 8‑56 所示。

图 8‑53　非门设置

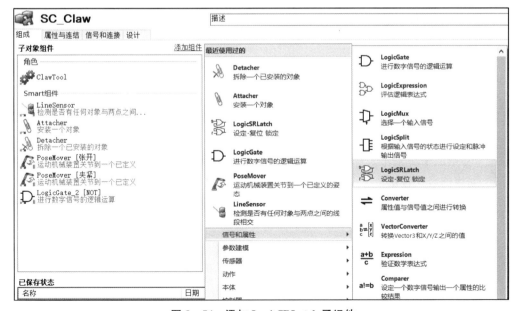

图 8‑54　添加 LogicSRLatch 子组件

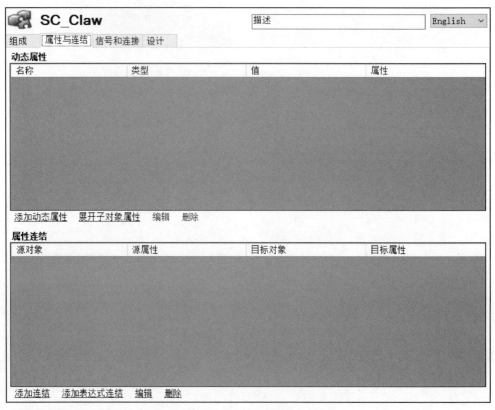

图 8-55 "属性与连结"选项卡

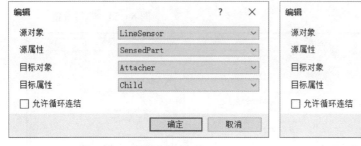

图 8-56 属性与连接 1

图 8-57 属性与连接 2

（3）将拾取子对象作为释放子对象，如图 8-57 所示。

7）创建信号与连接

（1）在"SC_Claw"Smart 组件窗口选择"信号与连接"选项卡，如图 8-58 所示。

创建一个数字输入信号 diGrip，用于控制夹爪张开、夹紧动作，信号为 1 时夹爪夹紧，信号为 0 时夹爪张开，如图 8-59 所示。

创建一个数字输出信号 dooutGrip，用于夹爪夹紧的检测反馈，如图 8-60 所示。

然后建立信号连接，如图 8-61～图 8-69 所示。

夹爪夹紧动作时 diGrip 触发线性传感器开始检测，如图 8-61 所示。

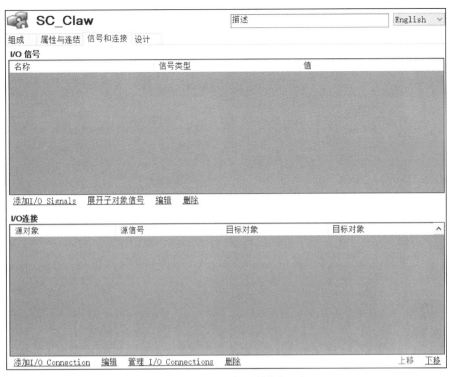

图 8 - 58　"信号与连接"选项卡

图 8 - 59　diGrip 信号　　　　　　　　　　　图 8 - 60　dooutGrip

图 8 - 61　I/O 连接 1

图 8 - 62　I/O 连接 2

传感器检测之后触发拾取动作,如图 8-62 所示。

利用对 diGrip 信号取反,取反后信号由 0—1 变化时,触发工件释放动作。图 8-63 设置利用非门取反,图 8-64 释放工件。

图 8-63 I/O 连接 3

图 8-64 I/O 连接 4

拾取动作完成后触发置位/复位 LogicSRLatch 子组件执行"置位"动作,如图 8-65 所示。

图 8-65 I/O 连接 5

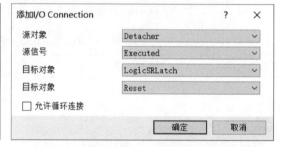

图 8-66 I/O 连接 6

释放动作完成后触发置位/复位 LogicSRLatch 子组件执行"复位"动作。如图 8-66 所示。

置位/复位 LogicSRLatch 子组件动作触发夹爪夹紧反馈输出,如图 8-67 所示。

图 8-67 I/O 连接 7

图 8-68 I/O 连接 8

拾取完成后触发夹爪夹紧动作,如图 8-68 所示。

释放完成后触发夹爪张开动作,如图 8-69 所示。

至此,整个动作流程的信号设置完成,过程如下:机器人运行到拾取位置,夹紧电磁阀

图 8‑69　I/O 连接 9

打开,线性传感器开始检测,如果检测到工件,则执行拾取动作,夹爪夹紧,发出夹紧反馈信号,然后机器人运动到放置位置,关闭电磁阀,执行释放动作,夹爪张开,工件被释放,同时夹紧反馈信号复位,机器人再次运动到拾取位置准备下一循环。

8) Smart 组件的模拟运行

(1) 将夹爪调整至待抓取工件上方,并且将"workpiece-cube_示教"工件设为"可见"和"可由传感器检测",如图 8‑70 所示。

(2) 打开"I/O 仿真器",将系统选为"SC_Claw",然后单击"diGrip"信号,观察夹爪的闭合/张开动作,如图 8‑71 所示。

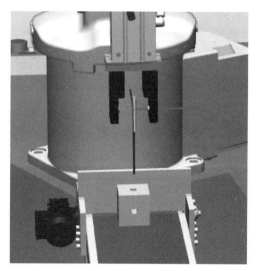

图 8‑70　机器人运动至示教工件上方

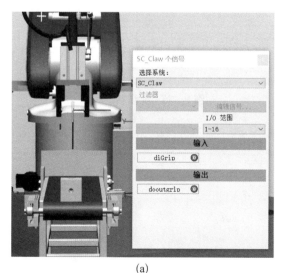

(a)

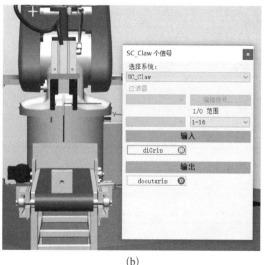

(b)

图 8‑71　夹爪的动作仿真

(a) 夹爪张开;(b) 夹爪夹紧

（3）用 FreeHand 将夹爪移动到夹取位置，如图 8‑72 所示。

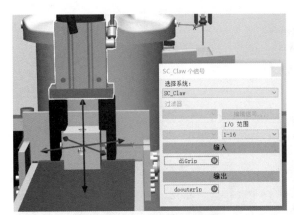

图 8‑72　移动到夹取位置　　　　　　　　图 8‑73　夹紧工件

（4）将 diGrip 信号设为 1，夹爪夹紧工件，如图 8‑73 所示。

（5）FreeHand 向上移动，夹爪夹着工件一起移动，如图 8‑74 所示。

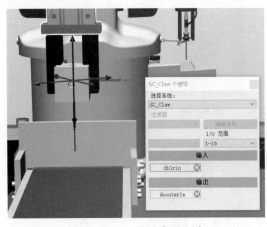
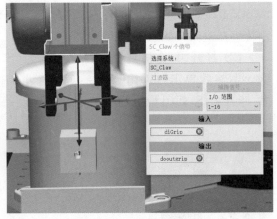

图 8‑74　工件随夹爪运动　　　　　　　　图 8‑75　夹爪松开工件

（6）将 diGrip 信号设为 0，夹爪松开，继续向上移动，夹爪动，工件保持位置不变，如图 8‑75 所示。

信号连接完成，相互关系如图 8‑76 所示。

任务三　工作站逻辑设定

1. 任务描述

本任务在机器人程序信号分析的基础上，完成工作站逻辑的设定，即 Smart 组件与机器人之间信号的连接。在此基础上，实现工作站的仿真运行。

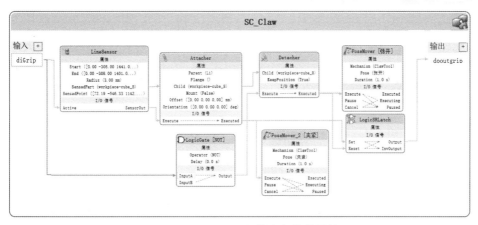

图 8 - 76　SC_infeeder 组件之间的信号关系

2. 任务实施

1）机器人程序分析

机器人一个抓放工作流程如图 8 - 77 所示，具体实现查看机器人程序。

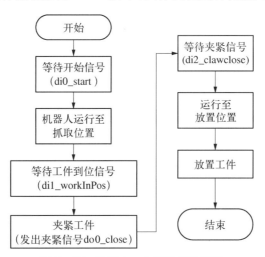

图 8 - 77　机器人一个抓放工作流程

等待开始信号（di0_start）由外界按钮给出机器人控制系统，robtab_sys 与 Smart 组件 SC_infeeder、SC_Claw 之间的 I/O 信号关系如图 8 - 78 所示。

图 8 - 78　机器人与 Smart 组件信号联系

2）设定工作站逻辑机器人程序分析

（1）在仿真菜单中单击"工作站逻辑"，打开"工作站逻辑"窗口，如图 8 - 79 所示。

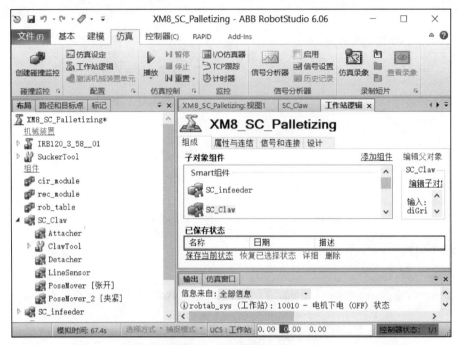

图8-79 工作站逻辑窗口

（2）打开"信号和连接"选项卡，如图8-80所示。

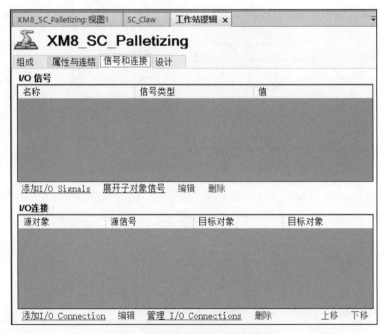

图8-80 "信号和连接"选项卡

（3）单击"添加I/O Connection"，添加如图8-81～图8-83所示的I/O信号连接，其中
机器人系统为robtab_sys。

传送带工件到位信号与机器人检测到工件到位信号相连接,如图 8-81 所示。

图 8-81 工件到位信号连接

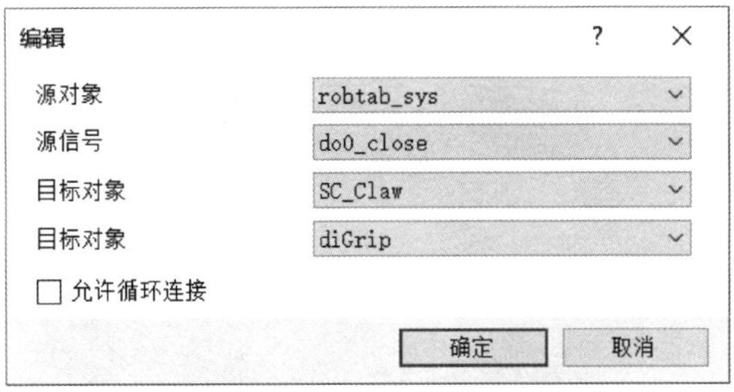

图 8-82 夹爪夹紧动作信号连接

机器人电磁阀夹紧动作输出给夹爪组件,如图 8-82 所示。

夹爪组件检测到夹紧信号发送给机器人,如图 8-83 所示。

3)工作站仿真运行

仿真运行过程如图 8-84～图 8-87 所示。

(1)单击"仿真"功能选项卡中的"I/O 仿真器",选择机器人系统,如图 8-84 所示。

图 8-83 夹爪夹紧检测信号连接

(2)单击"播放"按钮,机器人开始启动进行初始化复位,机器人回到原点,单击"di0_start"信号,置 1,机器人继续运行。

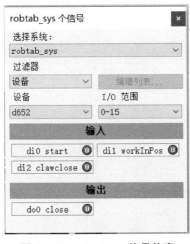

图 8-84 robtab_sys 信号仿真

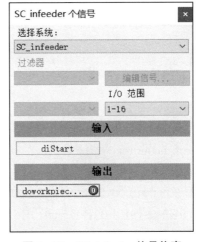

图 8-85 SC_infeeder 信号仿真

(3)观察传送带,如无工件在传送带上运动,则将"I/O 信号仿真器"系统选为"SC_infeeder",如图 8-85 所示,单击"diStart"一次,让传送带工作(有则跳过此步骤)。

(4)工件到达传送带末端后,机器人收到产品到位信号,则机器人将其拾取起来并放到码垛盘的指定位置,如图 8-86 所示。

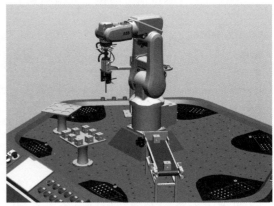

图 8-86　机器人搬运中　　　　　　　　　　图 8-87　仿真结束

（5）依次循环，直到码垛 8 个工件后，机器人回到原点，程序结束运行，如图 8-87 所示。

（6）单击"停止"，则所有产品的复制品自动消失，仿真结束。为了美观，可将"workpiece-cube"工件隐藏。

（7）完整仿真可参考"XM8_SC_Palletizing_OK.rspag"文件。

项目总结

Smart 组件功能是在 RobotStudio 中实现动画效果的高效工具。与事件管理器相比，它可以制作示教复制的动画，实现动画仿真需要的逻辑控制。

本项目运用 Smart 组件功能创建了传送带的动态运行效果和夹爪抓取、释放工件的动态效果。同时，Smart 组件需要与工作站程序之间进行逻辑设定，实现组件与工作站的信号联系。

附　录

机器人程序

MODULE MainMoudle

VAR num ncounter：=0;

CONST robtarget

pPick10：=[[302.00,0.00,558.00],[8.14603E−08,5.72603E−16,−1,−7.02923E−09],[0,0,0,0],[9E+09,9E+09,9E+09,9E+09,9E+09,9E+09]];

　　PERS robtarget

pPlace：=[[−172.19,172.84,18.3],[9.53155E−08,−0.707107,0.707107,7.25667E−08],[−1,0,−1,0],[9E+09,9E+09,9E+09,9E+09,9E+09,9E+09]];

　　CONST robtarget

pHome10：=[[−102.92,−12.81,97.66],[1.13093E−07,0.707107,−0.707107,1.0753E−07],[0,0,0,0],[9E+09,9E+09,9E+09,9E+09,9E+09,9E+09]];

```
PROC main()
    rInitAll;
    WaitDI di0_start, 1;
    MoveJ Offs(pPick,0,0,100), v1000, fine, ClawTool;
    WHILE TRUE DO
    WaitDI di1_workInPos, 1;
    WaitTime 0.3;
    rPosition;
    rPick;
    MoveJ pHome10, v500, fine, ClawTool\WObj:=Wobj1;
    MoveJ Offs(pPlace,0,0,0), v1000, fine, ClawTool\WObj:=Wobj1;
    rPlace;
    MoveJ pHome10, v500, fine, ClawTool\WObj:=Wobj1;
    MoveJ Offs(pPick,0,0,100), v1000, fine, ClawTool;
    ncounter := ncounter + 1;
    ENDWHILE
ENDPROC
PROC rInitAll()
    MoveJ pHome, v500, fine, tool0;
    Reset do0_close;
    ncounter := 1;
ENDPROC
PROC rPick()
    MoveL pPick, v200, fine, ClawTool;
    Set do0_close;
    WaitTime 0.2;
    WaitDI di2_clawclose, 1;
    MoveL Offs(pPick,0,0,100), v200, fine, ClawTool;
ENDPROC
PROC rPlace()
    MoveL pPlace, v200, fine, ClawTool\WObj:=Wobj1;
    Reset do0_close;
    WaitTime 0.2;
    MoveL Offs(pPlace,0,0,0), v200, fine, ClawTool\WObj:=Wobj1;
ENDPROC
PROC rPosition()
    TEST ncounter
    CASE 1:
```

```
        pPlace := p10;
    CASE 2:
        pPlace := Offs(p10,-71,0,0);
    CASE 3:
        pPlace := Offs(p10,-142,0,0);
    CASE 4:
        pPlace := Offs(p10,0,71,0);
    CASE 5:
        pPlace := Offs(p10,-142,71,0);
    CASE 6:
        pPlace := Offs(p10,0,142,0);
    CASE 7:
        pPlace := Offs(p10,-71,142,0);
    CASE 8:
    MoveJ pHome, v500, fine, tool0;
    pPlace := Offs(p10,-142,142,0);
    DEFAULT:
        Stop;
    ENDTEST
  ENDPROC
ENDMODULE
```

 习 题

1. 填空题(请将正确的答案填在题中的横线上)

(1) 创建搬运码垛工作站时,需根据工作站的要求创建相应的机械装置,常见的机械装置类型有机器人、_____、_____、_____。

(2) _____功能是在 RobotStudio 中实现动画效果的高效工具。

(3) Smart 组件的动作子对象组件主要有_____、_____、_____、_____和 Show、Hide、Setparent 等。

(4) 创建夹爪 Smart 组件时,若夹爪释放工件后需保持工件的位置不变,可以勾选相应的_____参数。

(5) 创建工作站时为避免不相关的部件触发传感器导致工作站不能正常运行,通常可将其设置为_____。

2. 判断题(命题正确请在括号中打√,命题错误请在括号中打×)

(1) 解压﹡工作站.rspag 压缩包时,可以根据工作站选择相应的 RobWare 进行解压。

( )

(2) 解压﹡工作站.rspag 压缩包时,目标文件夹的路径中不可以有中文字符,否则会报

错,无法完成解压。　　　　　　　　　　　　　　　　　　　　　　　　（　　）

（3）解压*工作站.rspag压缩包时,低版本的工作站可以在高版本软件中完成解压,并正常使用。　　　　　　　　　　　　　　　　　　　　　　　　　　　　　（　　）

（4）Smart组件的属性中的源对象、源属性与目标对象、目标属性要一一对应。（　　）

（5）*工作站.rspag压缩包解压完成后,工作站系统参数配置与打包前一致,无须进行二次设置。　　　　　　　　　　　　　　　　　　　　　　　　　　　　　（　　）

（6）创建夹爪Smart组件时,可以设置Transition参数实现夹爪释放产品后产品的位置保持不变。　　　　　　　　　　　　　　　　　　　　　　　　　　　　　（　　）

（7）工作站中不同的部件均可被同一传感检测装置检测到,不会给工作站的运行带来影响。　　　　　　　　　　　　　　　　　　　　　　　　　　　　　　　（　　）

（8）Smart组件的信号和属性子对象组件中的LogicGate只有AND和NOT两个操作数。　　　　　　　　　　　　　　　　　　　　　　　　　　　　　　　　（　　）

3. 选择题

（1）创建夹爪Smart组件时,若夹爪释放工件后需保持工件的位置不变,可以勾选动作Detacher中的（　　）参数。

A. Transition　　　　B. Keepposition　　　C. Active　　　　D. Sensorout

（2）在实际的工业机器人工作站中,机器人轨迹路径中的（　　）点根据需要可以设置在机械原点处。

A. 原始　　　　　　B. 轨迹起始接近　　C. 轨迹结束离开　D. 安全位置

（3）Smart组件中信号和属性子对象组件中的LogicGate操作数有（　　）。（多选题）

A. AND、OR　　　　B. XOR　　　　　　C. NOT　　　　　D. NOP

参 考 文 献

［1］蒋正炎,郑秀丽.工业机器人工作站安装与调试（ABB)［M].北京：机械工业出版社,2017.
［2］汤晓华,蒋正炎,陈永平.工业机器人应用技术［M].北京：高等教育出版社,2015.
［3］叶晖,何智勇,杨薇.工业机器人工程应用虚拟仿真教程［M].北京：机械工业出版社,2013.
［4］朱洪雷,代慧.工业机器人离线编程［M].北京：高等教育出版社,2018.

后　记

　　"加快推动新一代信息技术与制造技术融合发展,把智能制造作为两化深度融合的主攻方向;着力发展智能装备和智能产品,推进生产过程智能化;培育新型生产方式,全面提升企业研发、生产、管理和服务的智能化水平。"智能制造日益成为未来制造业发展的重大趋势和核心内容,是加快我国经济发展方式转变,促进工业向中高端迈进、建设制造强国的重要举措,也是新常态下打造新的国际竞争优势的必然选择。

　　智能制造的发展将实现生产流程的纵向集成化,上中下游之间的界限会更加模糊,生产过程会充分利用端到端的数字化集成,人将不仅是技术与产品之间的中介,更多地成为价值网络的节点,成为生产过程的中心。在未来的智能工厂中,标准化、重复工作的单一技能工种势必会被逐渐取代,而智能设备和智能制造系统的维护维修以及相关的研发工种则有了更高需求。也就是说,我们的智能制造职业教育所要培养的不是生产线的"螺丝钉",而是跨学科、跨专业的高端复合型技能人才和高端复合型管理技能人才! 智能制造时代下的职业教育发展面临大量机遇与挑战。

　　秉承以上理念,作为上海交通大学旗下的上市公司——上海新南洋股份有限公司联合上海交通大学出版社,充分利用上海交通大学资源,与国内高职示范院校的优秀老师共同编写"智能制造"系列丛书。诚然,智能制造的相关技术不可能通过编写几本"智能制造"教材来完全体现,经过我们编委组的讨论,优先推出这几本,未来几年,我们将陆续推出更多的相关书籍。因为在本书中尝试一些跨学科内容的整合,不完善难免,如果这些丛书的出版,能够为高等职业技术院校提供参考价值,我们就心满意足。

　　路漫漫其修远兮。中国的智能制造尽管处在迅速发展之中,但要实现"中国制造2025"的伟大目标,势必还需要我们进一步上下求索。抛砖可以引玉,我们希望本丛书的出版能够给我国智能制造职业教育的发展提供些许参考,也希望更多的同行能够投身于此,为我国智能制造的发展添砖加瓦!